行水云课数字教材

高等职业教育水利类新形态一体化教材

工 程 力 学

主 编 贺 威

副主编 佟 颖 吴 琼

U0238282

中国水利水电出版社
www.waterpub.com.cn
·北京·

内 容 提 要

　　本书根据高职高专水利和土木建筑类专业技术技能人才培养需要编写，以工程实例为依托，以工程结构构件为载体，以工程技术岗位所需力学知识和技能为主线，以 8 个项目为引领、24 个任务为驱动，辅以大量的动画、视频、微课等丰富数字化的教学资源，通过逐步完成各项目中知识点的学习、任务的练习，培养具有一定批判性思维和创新意识，能够解决较复杂工程力学问题的技术技能人才。主要内容包括：工程结构简图及受力图、静定结构的支座反力计算、桁架结构中轴向变形杆件的承载力分析、连接件与圆轴的承载力分析、梁的内力与承载力分析、工程构件破坏分析、组合变形构件的承载力分析、受压杆件的稳定性。

　　本书可作为高等职业院校水利水电建筑工程、水利水电工程技术、水利工程、道路桥梁工程技术、建筑工程技术、市政工程技术、建设工程监理、工程造价等专业教学使用，也可作为水利类、土木建筑类工程技术人员的培训教材或自学用书。

图书在版编目（ＣＩＰ）数据

工程力学 / 贺威主编. -- 北京：中国水利水电出
版社，2021.8
　高等职业教育水利类新形态一体化教材
　ISBN 978-7-5170-9494-4

　Ⅰ．①工… Ⅱ．①贺… Ⅲ．①工程力学－高等职业教
育－教材 Ⅳ．①TB12

　中国版本图书馆CIP数据核字(2021)第048841号

书　　名	高等职业教育水利类新形态一体化教材 **工程力学** GONGCHENG LI XUE
作　　者	主　编　贺威 副主编　佟颖　吴琼
出版发行	中国水利水电出版社 （北京市海淀区玉渊潭南路 1 号 D 座　100038） 网址：www. waterpub. com. cn E - mail：sales@waterpub. com. cn 电话：(010) 68367658（营销中心）
经　　售	北京科水图书销售中心（零售） 电话：(010) 88383994、63202643、68545874 全国各地新华书店和相关出版物销售网点
排　　版	中国水利水电出版社微机排版中心
印　　刷	清淞永业（天津）印刷有限公司
规　　格	184mm×260mm　16 开本　13.25 印张　322 千字
版　　次	2021 年 8 月第 1 版　2021 年 8 月第 1 次印刷
印　　数	0001—2500 册
定　　价	49.50 元

前言

本书是基于"成果导向（OBE）"和"以学生为中心"的理念，根据行业岗位对技术技能人才培养的需要，基于职业岗位能力分析和人才培养目标需求分析而编写的。本书结构体系力求体现理论联系实际，注重工程背景，结合工程实例。对每一教学项目设置任务实例练习，培养学生能够运用基本理论知识解决实际工程的力学问题。在工程案例的讲授中，可以采用启发式教学，培养学生提出问题、分析问题、解决问题的能力；教材中以二维码的形式辅以微课、动画和视频等较丰富的数字化教学资源，以往抽象、晦涩、难以在课堂上展示和操作的教学内容变得逼真、立体、直观，易于学生理解和掌握，并便于教师采用"线上＋线下"混合式等教学模式，提升教学质量。

本书具体分工如下：辽宁生态工程职业学院贺威编写了项目3～项目5，辽宁生态工程职业学院佟颖编写了项目6～项目8，辽宁生态工程职业学院吴琼编写了绪论、项目1和项目2。本书由贺威担任主编，佟颖、吴琼担任副主编，中国水利水电第六工程局有限公司徐敬年担任参编。徐敬年提供了大量的工程案例素材，对主要内容体系起主要构建作用。

由于编者水平有限，还处于对工程力学项目教学的探索与实践中，书中难免不妥之处，恳请广大读者提出宝贵意见。

编者

2021 年 6 月

扫码获取课件

"行水云课"数字教材使用说明

"行水云课"水利职业教育服务平台是中国水利水电出版社立足水电、整合行业优质资源全力打造的"内容"＋"平台"的一体化数字教学产品。平台包含高等教育、职业教育、职工教育、专题培训、行水讲堂五大版块，旨在提供一套与传统教学紧密衔接、可扩展、智能化的学习教育解决方案。

本套教材是整合传统纸质教材内容和富媒体数字资源的新型教材，它将大量图片、音频、视频、3D 动画等教学素材与纸质教材内容相结合，用以辅助教学。读者可通过扫描纸质教材二维码查看与纸质内容相对应的知识点多媒体资源，完整数字教材及其配套数字资源可通过移动终端 APP、"行水云课"微信公众号或中国水利水电出版社"行水云课"平台查看。

内页二维码具体标识如下：

· ⒡ 为平面动画

· ▶ 为微课

· ▷ 为知识点视频

· ▣ 为课件

线上教学与配套数字资源获取途径：

手机端：

关注"行水云课"公众号→搜索"图书名"→封底激活码激活→学习或下载

PC 端：

登录"xingshuiyun.com"→搜索"图书名"→封底激活码激活→学习或下载

多媒体知识索引

目录

绪　　论

0.1

工程力学
概论

0.1　工程力学的研究对象、内容和任务

0.1

工程力学
研究对象
和内容

　　工程力学是一门与工程技术联系极为广泛的技术基础课。工程上的有些问题可以直接应用工程力学的知识去解决，但有些比较复杂的问题，则需要用工程力学和其他专门知识共同解决。学好工程力学可为解决工程实际问题和从事科学研究工作打下良好的基础。

　　工程力学是力学中最基本的、应用最广泛的部分，是一门研究物体机械运动一般规律及有关构件强度、刚度和稳定性等理论的科学。它包括静力学和材料力学两门学科的有关内容，是将静力学、材料力学两门课程的主要内容融合为一体的学科。

　　静力学研究的是物体平衡的一般规律，包括物体的受力分析、力系的简化方法和力系的平衡条件。

　　材料力学研究的是构件的强度、刚度和稳定性等一般计算原理。工程上的各种机械、设备、结构都是由构件组成的。工作时它们都要受到荷载的作用，为使其正常工作，不发生破坏，也不产生过大变形，同时又能保持原有的平衡状态而不丧失稳定性，就要求构件具有足够的强度、刚度和稳定性。

　　在建筑物或构筑物中起骨架作用（承受和传递荷载）的主要物体称为建筑结构。组成建筑结构的基本部件称为构件。

　　1. 工程力学的研究对象

　　工程力学的研究对象是杆系结构。杆系结构是由杆件组成的一种结构，它必须满足一定的组成规律，才能保持结构的稳定从而承受各种作用。结构的形式各异，但必须具备可靠性、适用性和耐久性。

　　2. 工程力学的研究内容

　　工程力学的主要内容是要研究结构在外力作用下的平衡规律。所谓平衡是结构相对于地球保持静止状态或匀速直线运动状态。其次要研究结构的强度、刚度和稳定性。

　　1）强度是结构抵抗破坏的能力，即结构在使用寿命期限内，在荷载作用下不允许被破坏。

　　2）刚度是结构抵抗变形的能力，即结构在使用寿命期限内，在荷载作用下产生的变形不允许超过某一额定值。

　　3）稳定性是结构保持原有平衡形态的能力，即结构在使用寿命期限内，在荷载作用下原有平衡形态不允许被改变。

3. 工程力学的任务

工程力学的任务是通过研究结构的强度、刚度和稳定性以及材料的力学性能，在保证结构既安全可靠又经济节约的前提下，为构件选择合适的材料、确定合理的截面形状和尺寸提供计算理论及计算方法。

0.2　刚体、变形固体及其基本假设

工程力学既研究物体运动的一般规律，又研究物体在力的作用下的变形规律。本课程随着研究问题的不同，研究对象可以是刚体，也可以是变形固体。

1. 刚体

刚体是指在力的作用下，大小和形状始终保持不变的物体。也就是说，物体任意两点之间的距离保持不变。在实际问题中，任何物体在力的作用下或多或少都会产生变形，如果物体变形不大或变形对所研究的问题没有实质性的影响，则可将物体视为刚体。

2. 变形固体

工程上所用的构件都是由固体材料制成的，如钢、铸铁、木材、混凝土等，它们在外力作用下会或多或少地产生变形，有些变形可直接观察到，有些变形可以通过仪器测出。在外力作用下，会产生变形的固体称为变形固体。

变形固体在外力作用下会产生两种不同性质的变形：一种是外力消除时，变形会随着消失，这种变形称为弹性变形；另一种是外力消除后不能消失的变形，称为塑性变形。一般情况下，物体受力后，既有弹性变形，又有塑性变形，称为弹性塑性变形。但工程中常用的材料，当外力不超过一定范围时，塑性变形很小，可忽略不计，认为只有弹性变形。这种只有弹性变形的变形固体称为完全弹性体。只引起弹性变形的外力范围称为弹性范围。本书主要讨论材料在弹性范围内的变形及受力。

3. 变形固体的基本假设

变形固体有多种多样，其组成和性质是非常复杂的。对于用变形固体材料做成的构件进行强度、刚度和稳定性计算时，为了使问题得到简化，常略去一些次要的性质，而保留其主要的性质，因此，对变形固体材料作出下列几个基本假设。

（1）均匀连续假设：假设变形固体在其整个体积内用同种介质毫无空隙地充满了物体。

实际上，变形固体是由很多微粒或晶体组成的，各微粒或晶体之间是有空隙的，且各微粒或晶体彼此的性质并不完全相同。由于这些空隙与构件的尺寸相比是极微小的，同时构件包含的微粒或晶体的数目极多，排列也不规则，所以物体的力学性能并不反映其某一个组成部分的性能，而是反映所有组成部分性能的统计平均值。因而可以认为固体的结构是密实的，力学性能是均匀的。

有了这个假设，物体内的一些物理量才可能是连续的，才能用连续函数来表示。在进行分析时，可以从物体内任何位置取出一小部分来研究材料的性质，其结果可代表整个物体，也可将那些大尺寸构件的试验结果应用于物体的任何微小部分上去。

（2）各向同性假设：假设变形固体沿各个方向的力学性能均相同。

实际上，组成固体的各个晶体在不同方向上有着不同的性质。但由于构件所包含的晶体数量极多，且排列也完全没有规则，变形固体的性质是这些晶粒性质的统计平均值。这样在以构件为对象的研究问题中，就可以认为构件是各向同性的。工程使用的大多数材料，如钢材、玻璃、铜和高标号的混凝土，都可以认为是各向同性的材料。根据这个假设，当获得了材料在任何一个方向的力学性能后，就可将其结果用于其他方向。

在实际工程中，也存在不少各向异性材料。例如轧制钢材、合成纤维材料、木材、竹材等，它们沿各方向的力学性能是不同的。很明显，当木材分别在顺纹方向、横纹方向和斜纹方向受到外力作用时，它所表现出的力学性质都是各不相同的。因此，对于由各向异性材料制成的构件，在设计时必须考虑材料在各个不同方向上的不同力学性质。

（3）小变形假设：在实际工程中，构件在荷载作用下，其变形与构件的原尺寸相比通常很小，可以忽略不计，这一类变形被称为小变形。所以在研究构件的平衡和运动时，可按变形前的原始尺寸和形状进行计算。在研究和计算变形时，变形的高次幂项也可忽略不计。这样可使计算工作大为简化，而又不影响计算结果的实用精度。

0.3　杆件及杆系结构

根据构件的几何特征，可以将各种各样的构件归纳为如下四类：

（1）杆，如图 0.1（a）所示，它的几何特征是细而长，即 $l \gg h$，$l \gg b$。杆又可分为直杆和曲杆。

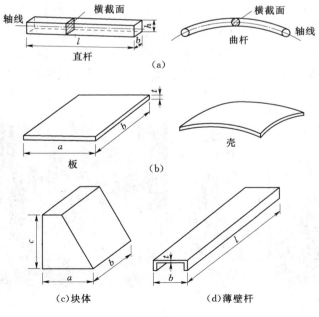

图 0.1

（2）板和壳，如图 0.1（b）所示，它的几何特征是宽而薄，即 $a \gg t$，$b \gg t$。平面形状的称为板，曲面形状的称为壳。

（3）块体，如图 0.1(c) 所示，它的几何特征是三个方向的尺寸都是同量级大小的。

（4）薄壁杆，图 0.1（d）所示的槽形钢材就是一个例子。它的几何特征是长、宽、厚三个尺寸都相差很悬殊，即 $l \gg b \gg t$。

由杆件组成的结构称为杆系结构，杆系结构是建筑工程中应用最广泛的一种结构。本书所研究的主要对象是均匀连续的、各向同性的、弹性变形的固体，且限于小变形范围的杆件和杆件组成的杆系结构。

0.4　力学在工程中的应用

力学是一门基础学科，它所阐明的规律带有普遍的性质，为许多工程技术提供理论基础。力学又是一门技术科学，为许多工程技术提供设计原理、计算方法和试验手段。力学和工程学的结合促进了工程力学各个分支的形成和发展。力学是人类在认识自然、改造自然的过程中，对客观自然规律的认识不断积累、应用和完善逐渐形成和发展起来的，它涉及众多的力学学科分支与广泛的工程技术学科。

20 世纪以前，推动近代科学技术与社会进步的蒸汽机（图 0.2）、内燃机、铁路、桥梁、船舶、兵器等，无一不是在力学知识累积、应用和完善的基础之上逐渐形成和发展起来的。20 世纪的高层建筑、大跨度桥梁（图 0.3）、高速公路（图 0.4）、海洋平台、大型水利工程（图 0.5）、精密仪器、航空航天器（图 0.6）、机器人以及高速列车等许多重要工程更是在力学指导下才得以实现，并不断发展完善的。我国著名力学家钱学森先生曾说过"力学走过了从工程设计的辅助手段到中心主要手段，不是唱配角而是唱主角了"。我国的力学已经进入了一个新的发展时期！

随着文化、科学和经济的不断发展，人类在桥梁建设史上也写下了不少光辉灿烂的篇章。我国早在古代就出现了梁式桥梁、拱式桥梁和悬索式桥梁。河北省赵县赵州桥、福建省泉州市万安桥和广东省潮州市湘子桥，都是古代桥梁的杰出代表，其中河北省赵县赵州桥（图 0.7）净跨为 $37.02 \mathrm{m}$，拱矢高 $7.218 \mathrm{m}$，拱桥全宽 $9.6 \mathrm{m}$，桥面

图 0.2

图 0.3

图 0.4

图 0.5

图 0.6

图 0.7

净宽 9m，它是世界上第一座敞肩式石拱桥，其建桥时间远远早于世界上其他各地同类型的桥梁。

而桥梁倒塌事故则说明脱离了理论联系实际的原则所造成的严重后果以及力学原理在桥梁建设中的重要性。相对于工程结构的安全性设计和在役结构的安全性鉴定、耐久性分析等研究工作，施工结构的安全性分析工作还处于相当初期的水平。

尽管我国古代桥梁的建造主要是凭借实践经验来实现的，但是就我国古代已建成的桥梁形式、构造和建筑材料的发展和演变来看，我国古代建桥人员对桥梁中的力学概念无疑是有深刻认识的，而且随着桥梁建设的发展，这种认识不断得到加深，只不过对桥梁力学的研究和认识没有做出记录和完整的总结。近几个世纪桥梁建设的发展史也充分说明，桥梁建设的发展与力学的进步是紧密相连的，而且是互相促进的。

从 20 世纪 70 年代末开始，我国进入了大跨度桥梁建设的迅猛发展时期。现在，长江、黄河和珠江三大水系上各种大跨度桥梁纷纷建成，海湾桥梁建设在技术上也一直在突破创新，如港珠澳大桥因其超大的建筑规模、空前的施工难度以及顶尖的建造技术而闻名世界。但是，由于在桥梁施工及管理过程中，少数施工技术人员及管理人员技术素质不高，质量意识不强，违背了力学原理，不仅造成了巨大的经济损失和人员伤亡，而且带来了不良的社会影响。2007 年 8 月 13 日下午，湖南省凤凰县正在兴建中的堤溪托江大桥发生突然垮塌事故（图 0.8、图 0.9），死伤严重，这给桥梁界敲响了警钟。

图 0.8

图 0.9

项目1 工程结构简图及受力图

知识目标

掌握工程结构简化分析的方法。了解工程中常见的各类约束形式及相应的约束反力。掌握对构件的受力分析方法并绘制受力图。

能力目标

掌握约束类型，利用约束力代替约束对构件进行受力分析；熟练绘制受力图。

任务1.1 工程结构计算简图

1.1.1 学习任务导引——绘制工程中简易结构的计算简图

工程的实际结构是很复杂的，在对实际结构（如高层建筑、大跨度桥梁、大型水工结构）进行力学分析和计算之前必须加以简化，用一个简化图形（结构计算简图）来代替实际结构，省略其次要细节，显示其基本特点，作为力学计算的基础。这一过程通常称为力学建模。

观察图1.1中的四个简易结构图，主要研究构件为图（a）中的外伸桥主梁、图（b）中的楼板主梁、图（c）中的底板和图（d）中的框架柱，如何绘制它们的计算简图？

下一小节的学习单元里给出的各类约束形式及结构简化方法可以帮助我们解决这个问题。

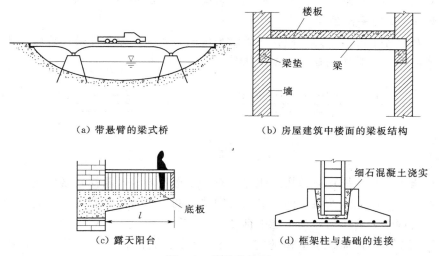

（a）带悬臂的梁式桥　　　　　　（b）房屋建筑中楼面的梁板结构

（c）露天阳台　　　　　　（d）框架柱与基础的连接

图1.1　简易结构图

1.1.2　学习内容

1.1.2.1　静力学基本知识

1. 力的概念

力是物体间相互的作用。这种作用对物体有两方面的作用效果，一方面使物体的机械运动状态发生变化，另一方面使物体形状发生变化。力使物体的运动状态发生变化的效应，称为力的运动效应（或力的外效应）。力使物体形状发生变化的效应称为力的变形效应（或力的内效应）。在理论力学中，将物体抽象为刚体，这就意味着只研究力的外效应。力的内效应在材料力学中研究。

静力学只研究力的外效应。实践证明，力对物体的作用取决于力的大小、方向和作用点（通常称为力的三要素），因此力是一个定位矢量，通常用一定比例尺的带箭头的线段表示。国际单位制（SI）中力的基本单位是：牛顿（N）或千牛顿（kN）。

2. 刚体的概念

由于结构或构件在正常使用情况下产生的变形极为微小，例如，桥梁在车辆、人群等荷载作用下的最大竖直变形一般不超过桥梁跨度的 1/700～1/900。物体的微小变形对于研究物体的平衡问题影响很小，因而可以将物体视为不变形的理想物体——刚体，也使所研究的问题得以简化。在任何外力的作用下，大小和形状始终保持不变的物体被称为刚体。

显然，现实中刚体是不存在的。任何物体在力的作用下，总是或多或少地发生一些变形。在材料力学中，主要是研究物体在力的作用下的变形和破坏，所以必须将物体看成变形体。在静力学中，主要研究的是物体的平衡问题，为研究问题的方便，则将所有的物体均看成是刚体。

3. 静力学公理

人们在长期的生产和生活实践中，经过反复观察和实践，总结出了关于力的最基本的客观规律，这些客观规律被称为静力学公理。并且，经过实践的检验证明，它们符合客观实际的普遍规律，它们是研究力系简化和平衡问题的基础。

公理1　二力平衡公理

作用在物体上的两个力，使物体处于平衡的必要与充分条件是：这两个力的大小相等，方向相反，且作用在同一条直线上（图1.2）。

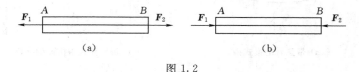

图1.2

应该指出，这个原理只适用于刚体。对于变形体来说，条件是必要的，而不是充分的。例如，一根绳索两端受两个等值反向共线的力作用时，若两个力为拉力，绳索则平衡；若两个力为压力，则不能平衡。

只受两个力作用而处于平衡的构件，称为二力构件（或二力杆）。工程中存在着许多二力构件。二力构件的受力特点是：不论其形状如何，其所受的两个力的作用线必沿两个力作用点的连线，且大小相等，方向相反，如图 1.3 所示。这一性质在以后对物体进行受力分析时是很有用的。

图 1.3

公理 2　加减平衡力系公理

在作用于刚体上的任意力系中，加上或去掉任何平衡力系，并不改变原力系对刚体的作用效果。这个公理的正确性是显而易见的：因为平衡力系不会改变刚体原来的运动状态（静止或做匀速直线运动），也就是说，平衡力系对刚体的运动效果为零。所以在刚体上加上或去掉一个平衡力系，是不会改变刚体原来的运动状态的。

推论　力的可传性原理

作用于刚体上的力可沿其作用线移动到刚体内任意一点，而不会改变该力对刚体的作用效应。

力的可传性原理很容易为实践所验证。设力 F 作用于刚体上点 A，如图 1.4（a）所示。在其作用线上取一点 B，并在 B 处加上一对平衡力 F_1 和 F_2，使 F、F_1、F_2 共线，且 $F_2 = -F_1 = F$，如图 1.4（b）所示。根据公理 2，将 F、F_1 所组成的平衡力去掉，刚体上仅剩下 F_2，且 $F_2 = F$，如图 1.4（c）所示，由此得证。

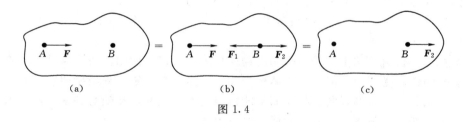

| （a） | （b） | （c） |

图 1.4

公理 3　力的平行四边形法则

作用于物体上同一点的两个力，可以合成为作用于该点的一个合力，合力的大小和方向以这两个力为邻边所构成的平行四边形的对角线来表示，如图 1.5（a）所示。

这种合成力的方法，称为矢量加法。可用矢量和表示为

$$F_R = F_1 + F_2 \qquad (1.1)$$

应该指出，式（1.1）为矢量等式，它与代数式 $F_R = F_1 + F_2$ 的意义完全不同，不能混淆。

平行四边形法则既是力的合成的法则，也是力的分解的法则。例如作用在点

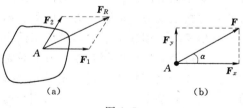

| （a） | （b） |

图 1.5

A 的力 F，如图 1.5（b）所示，可以把力 F 沿水平和竖直两个方向分解，用两个力表示：一个是水平方向的分力 F_x；另一个是与斜面垂直的分力 F_y。这两个分力的大小分别为

$$F_x = F\cos\alpha \ , \ F_y = F\sin\alpha \qquad (1.2)$$

推论　三力平衡汇交定理

刚体受不平行的三个力作用而平衡，则三力作用线必汇交于一点且位于同一平面内，如图 1.6 所示。

此定理的逆定理不成立。

当刚体受三个互不平行的共面力作用而处于平衡时，若已知两个力的方向，用此定理可以确定未知的第三个力的作用线方位。

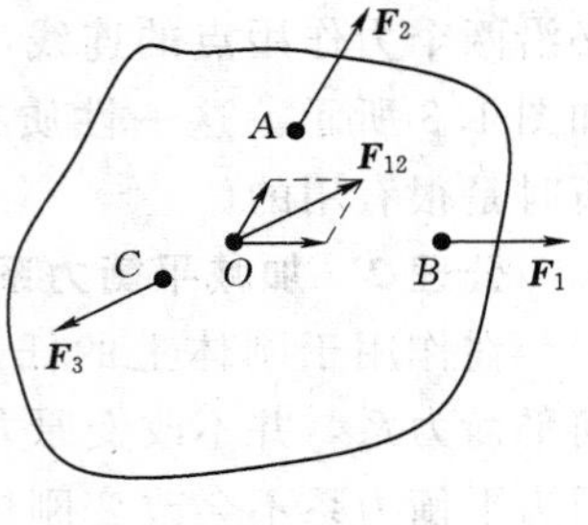

图 1.6

公理 4　作用与反作用定律

两物体间相互作用的力，总是大小相等、作用线相同而指向相反，分别作用在这两个物体上。

这个定律概括了自然界中物体间相互作用力的关系，表明一切力总是成对出现的，有作用力就必有反作用力，它们彼此互为依存关系，同时存在，又同时消失。此定理在研究几个物体组成的系统时具有重要作用，而且无论对刚体还是变形体都是适用的。

应该注意，尽管作用力与反作用力大小相等、方向相反、作用线相同，但它们并不互成平衡，更不能把这个定律与二力平衡定理混淆。因为作用力与反作用力不是作用在同一物体上，而是分别作用在两个相互作用的物体上。

1.2　⑦
作用与反作用
定律

1.1.2.2　约束、约束反力和约束模型

1. 约束和约束反力的概念

可在空间自由运动不受任何限制的物体称为自由体，例如，空中飘浮物。在空间某些方向的运动受到一定限制的物体称为非自由体。在建筑工程中所研究的物体，一般都要受到其他物体的限制、阻碍而不能自由运动。例如，基础受到地基的限制，梁受到柱子或者墙的限制等，它们均属于非自由体。

于是将限制、阻碍非自由体运动的物体称为约束物体，简称约束。例如上面提到的地基是基础的约束，墙或柱子是梁的约束。而非自由体被称为被约束物体。由于约束限制了被约束物体的运动，在被约束物体沿着约束所限制的方向有运动或运动趋势时，约束必然对被约束物体有力的作用，以阻碍被约束物体的运动或运动趋势。这种力被称为约束反力，简称反力。因此，约束反力的方向必与该约束所能阻碍物体的运动方向相反。运用这个准则，可确定约束反力的方向和作用点的位置，约束反力作用在约束与被约束物体的接触处，方向总是与其所能限制物体的运动方向相反。

在一般情况下物体总是同时受到主动力和约束反力的作用。主动力常常是已知的，约束反力是未知的。这需要利用平衡条件来确定未知反力。

2. 工程中常见的几种约束类型及其约束反力

（1）柔性约束。

用柔软的皮带、绳索、链条阻碍物体运动而构成的约束被称为柔性约束。这种约束只能限制物体沿着柔体中心线使柔体张紧方向的移动，且柔体约束只能受拉力，不能受压力，所以约束反力一定通过接触点，沿着柔体中心线背离被约束物体的方向，且恒为拉力，见图 1.7 中的力 F_T。

1.2　⑧
约束和约束
反力

（2）光滑接触面约束。

当两物体在接触处的摩擦力很小而略去不计时，就是光滑接触面约束。这种约束不论接触面的形状如何，都不能限制物体沿光滑接触面的公切线方向的运动或离开光滑面，只能限制物体沿着接触面的公法线向光滑面内的运动，所以光滑接触面约束反力是通过接触点，沿着接触面的公法线指向被约束的物体，只能是压力，见图 1.8 中的力 F_N。

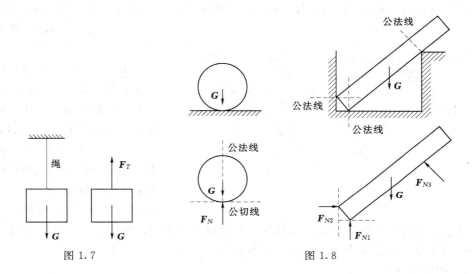

图 1.7　　　　　　　　　　　　　　　　图 1.8

（3）圆柱铰链约束。

圆柱铰链简称为铰链。常见的门窗合页就是这种约束。理想的圆柱铰链是由一个圆柱形销钉插入两个物体的圆孔中构成的，且认为销钉与圆孔的表面很光滑。销钉不能限制物体绕销钉转动，只能限制物体在垂直于销钉轴线的平面内沿任意方向的移动，如图 1.9（a）所示，图 1.9（b）为其简化图形。圆柱铰链的约束反力作用于接触点，垂直于销钉轴线，通过销钉中心，而方向未定。所以，在实际分析时，通常用两个相互垂直且通过铰链中心的分力 F_{Ax} 和 F_{Ay} 来代替，两个分力的指向可任意假定，可由计算结果确定其真实方向。

圆柱铰链可用如图 1.9（c）所示的简图来表示。

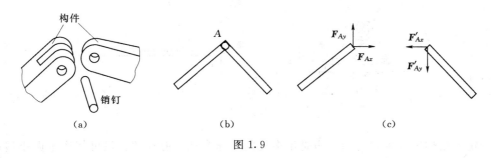

（a）　　　　　　　　　（b）　　　　　　　　　（c）

图 1.9

（4）链杆约束。

链杆就是两端用光滑销钉与物体相连而中间不受力的刚性直杆。如图 1.10 所示的支架，横杆 AB 在 A 端用铰链与墙连接，在 B 处与 BC 杆铰链连接，斜木 BC 在 C 端用铰链与墙连接，在 B 处与 AB 杆铰链连接，BC 杆是两端用光滑铰链连接而中间不受力的刚性直杆。BC 杆就可以看成是 AB 杆的链杆约束。这种约束只能限制物体沿链杆的轴线方向运动。链杆可以受拉或者受压，但不能限制物体沿其他方向运动。所以，链杆约束的约束反力沿着链杆的轴线，其指向不定。如图 1.10 所示的力 F_B 和 F_C。

（5）支座的简化和支座反力。

工程上将结构或构件连接在支承物上的装置称为支座。在工程上常常通过支座将构件支承在基础或另一静止的构件上。支座对构件就是一种约束。支座对它所支承的构件的约束反力也称为支座反力。支座的构造是多种多样的，其具

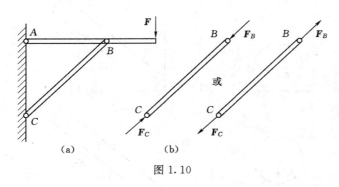

图 1.10

体情况也是比较复杂的，只有加以简化，归纳成几个类型，便于分析计算。建筑结构的支座通常分为固定铰支座、可动铰支座和固定（端）支座三类。

1）固定铰支座。

如图 1.11（a）所示为固定铰支座的示意图，构件与支座用光滑的圆柱铰链连接，构件不能产生沿任何方向的移动，但可以绕销钉转动，可见固定铰支座的约束反力与圆柱铰链相同，即约束反力一定作用于接触点，垂直于销钉轴线，并通过销钉中心，而方向未定。固定铰支座的简图如图 1.11（b）所示，约束反力如图 1.11（c）所示，可以用一个水平力 F_{Ax} 和垂直力 F_{Ay} 表示。

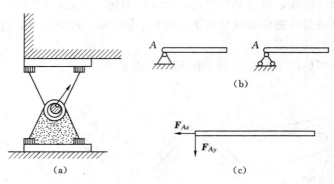

图 1.11

建筑结构中这种理想的支座是不多见的，通常把不能移动、只可能产生微小转动的支座视为固定铰支座。例如，如图 1.12 所示是一屋架，用预埋在混凝土垫块内的

螺栓和支座连在一起，垫块则砌在支座（墙）内，这时，支座阻止了结构的垂直移动和水平移动，但是它不能阻止结构微小转动。这种支座可视为固定铰支座。

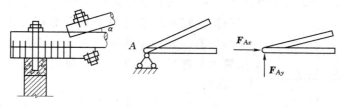

图 1.12

2）可动铰支座。

可动铰支座的示意图见图 1.13。构件与支座用销钉连接，而支座可沿支承面移动，这种约束，只能约束构件沿垂直于支承面方向的移动，而不能阻止构件绕销钉的转动和沿支承面方向的移动。所以，它的约束反力的作用点就是约束与被约束物体的接触点。约束反力通过销钉的中心，垂直于支承面，方向可能指向构件，也可能背离构件，要视主动力情况而定。这种支座的简图如图 1.13 所示，约束反力 F_A 如图1.13 所示。

例如，图 1.13 所示的一个搁置在砖墙上的梁，砖墙就是梁的支座，如略去梁与砖墙之间的摩擦力，则砖墙只能限制梁向下运动，而不能限制梁的转动与水平方向的移动。这样，就可以将砖墙简化为可动铰支座。

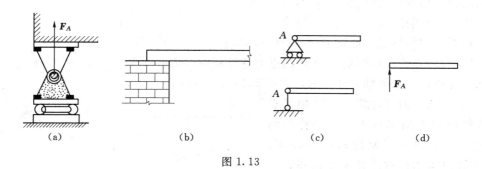

| (a) | (b) | (c) | (d) |

图 1.13

3）固定（端）支座。

整浇钢筋混凝土的雨篷，它的一端完全嵌固在墙中，一端悬空，如图 1.14（a）所示，这样的支座叫作固定端支座。在嵌固端，既不能沿任何方向移动，也不能转动，所以固定端支座除产生水平和竖直方向的约束反力外，还有一外约束反力偶（力偶将在后面章节中讨论）。这种支座简图如图 1.14（b）所示，其支座反力 F_{Ax}、F_{Ay}、M_A 表示如图 1.14（c）所示。

上面介绍了工程中几种常见类型的约束以及它们的约束反力的确定方法。当然，这远远不能包括工程实际中遇到的所有约束情况，在实际分析时应注意分清主次，略去次要因素，可把约束归结为以上基本类型。

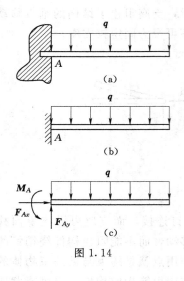

图 1.14

1.1.2.3　工程结构计算简图及简化方法

1. 简化原则

工程结构的实际受力情况往往是很复杂的，完全按照其实际受力情况进行分析并不现实，也是不必要的。对实际结构的力学计算往往在结构的计算简图上进行。所以，计算简图的选择必须注意下列原则：

（1）反映结构实际情况——计算简图能正确反映结构的实际受力情况，使计算结果尽可能精确。

（2）分清主次因素——计算简图可以略去次要因素，使计算简化。

（3）视计算工具而定——当使用的计算工具较为先进时，如随着电子计算机的普及和结构力学计算程序的完善，就可以选用较为精确的计算简图。

2. 简化方法

一般工程结构是由杆件、结点和支座三部分组成的。要想得到结构的计算简图，就必须对结构的各组成部分进行简化。

（1）结构、杆件的简化。

一般的实际结构均为空间结构，而空间结构常常可分解为几个平面结构来计算，结构的杆件均可用其杆轴线来代替。

（2）结点的简化。

杆系结构的结点，通常可分为铰结点和刚结点。

1）铰结点的简化原则：① 铰结点上各杆间的夹角可以改变；② 各杆的铰结端点不承受弯矩，能承受轴力和剪力，如图 1.15（a）所示。

2）刚结点的简化原则：① 刚结点上各杆间的夹角保持不变，各杆的刚结端点在结构变形时旋转同一角度；② 各杆的刚结端点既能承受弯矩，又能承受轴力和剪力，如图 1.15（b）所示。

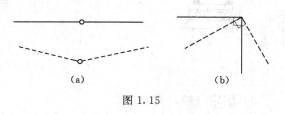

图 1.15

（3）支座的简化。

平面杆系结构的支座，常用的有以下四种：

1）可动铰支座，如图 1.16（a）所示——杆端 A 沿水平方向可以移动，绕 A 点可以转动，但沿支座杆轴方向不能移动。

2）固定铰支座，如图 1.16（b）所示——杆端 A 绕 A 点可以自由转动，但沿任何方向均不能移动。

3）固定端支座，如图 1.16（c）所示—— A 端支座为固定端支座，使 A 端既不能移动，也不能转动。

4）定向支座，如图 1.16（d）所示——这种支座只允许杆端沿一个方向移动，而沿其他方向不能移动，也不能转动。

（4）荷载的简化。

作用在结构或构件上的主动力称为荷载。在实际工程中，构件受到的荷载是多种多样的，按照不同的分类方式可以把荷载进行分类。这里仅按照荷载作用在结构上的范围，把荷载分为分布荷载和集中荷载。

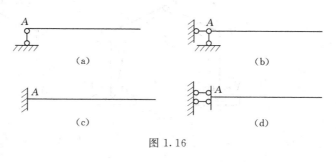

图 1.16

分布在结构某一体积内、表面积上、线段上的荷载分别称为体分布荷载、面分布荷载和线分布荷载，统称为分布荷载。

分布荷载又分为均布荷载和非均布荷载。均布荷载是在结构的某一范围内均匀分布，即大小和方向处处相同的荷载。如均质杆件的自重是沿轴线的线均布荷载，其大小通常用单位长度的荷载来表示（N/m 或 kN/m），而均质板的自重称为面均布荷载，其大小用单位面积的荷载来表示（N/m² 或 kN/m²）等。

集中荷载是指作用在结构上的荷载的分布范围与结构的尺寸相比要小得多，可以认为荷载仅作用在结构的一点上。

工程力学研究的对象主要是杆件，因此在计算简图中通常将荷载简化到作用在杆件轴线上的线分布荷载、集中荷载和力偶。

另外必须指出，恰当地选取实际结构的计算简图，是结构设计中十分重要的问题。为此，不仅要掌握上面所述的基本原则，还要有丰富的实践经验。对于一些新型结构，往往还需要通过反复试验和实践，才能获得比较合理的计算简图。另外，由于结构的重要性、设计进行的阶段、计算问题的性质以及计算工具等因素的不同，即使是同样一个结构也可以取得不同的计算简图。对于重要的结构，应该选取比较精确的计算简图；在初步设计阶段可选取比较粗略的计算简图，而在技术设计阶段则应选取比较精确的计算简图；对结构进行静力计算时，应该选取比较复杂的计算简图，而对结构进行动力稳定计算时，由于问题比较复杂，则可以选取比较简单的计算简图；当计算工具比较先进时，应选取比较精确的计算简图等。

下面用两个简单例子来说明选取计算简图的方法。如图 1.17（a）所示，均质梁两端搁在墙上，上面放一重物，图 1.17（b）所示为计算简图。

又如钢筋混凝土门式刚架如图 1.18（a）所示，图 1.18（b）所示为计算简图。

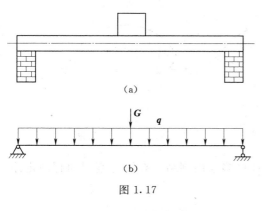

图 1.17

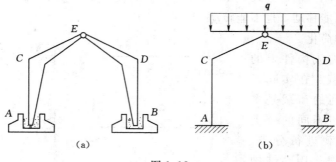

图 1.18

在实际设计工作中，对于同一结构，有时根据不同情况可以采用不同的计算简图。对于常用的结构，可以直接采用那些已被实践验证的常用计算简图。对于新型结构，往往还要通过反复实验和实践，才能获得比较合理的计算简图。

1.1.2.4　工程平面杆系结构的分类

平面杆系结构是本书的分析对象，按照它的构造和力学特征，可分为五类。

1. 梁

以受弯为主的直杆称为直梁。本书主要讨论直梁，较少涉及曲梁，更不考虑曲率对曲杆的影响。梁有静定梁和超静定梁两大类，图 1.19（a）所示为静定梁，图 1.19（b）所示为超静定梁。

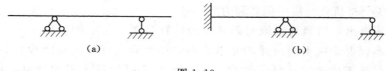

图 1.19

2. 拱

拱多为曲线外形，它的力学特征在以后讨论拱时再说明。常用的拱有静定三铰拱、超静定的无铰拱和两铰拱三种，分别如图 1.20（a）、（b）、（c）所示。

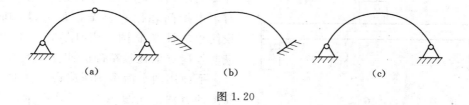

图 1.20

3. 刚架

刚架由梁和柱等杆件构成，杆件之间的连接多采用刚结。有静定刚架和超静定刚架两类，分别如图 1.21（a）、（b）所示。

4. 桁架

桁架是由若干直杆组成且全为铰结点的结构，理想桁架的荷载必须施加在结点上，如图 1.22（a）、（b）所示，有静定桁架和超静定桁架两种。

5. 组合结构

组合结构是桁架式直杆和梁式杆件两类杆件组合而构成的结构，如图 1.23 所示。图中 *AB* 杆具有多个结点，属于梁式杆件，杆件 *AD*、*CD* 等又为端部都为铰结的桁架式直杆。组合结构也有静定和超静定之分。

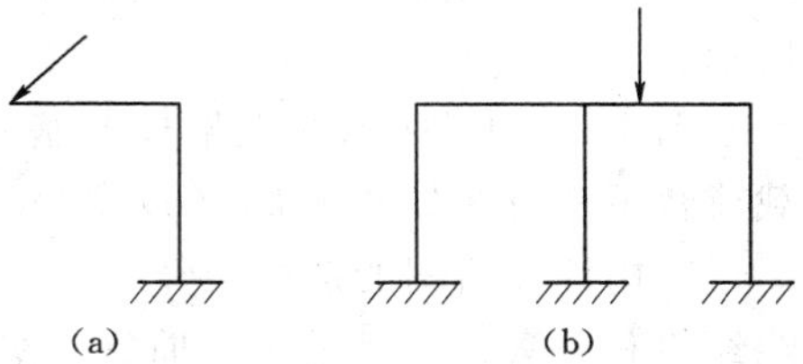

图 1.21

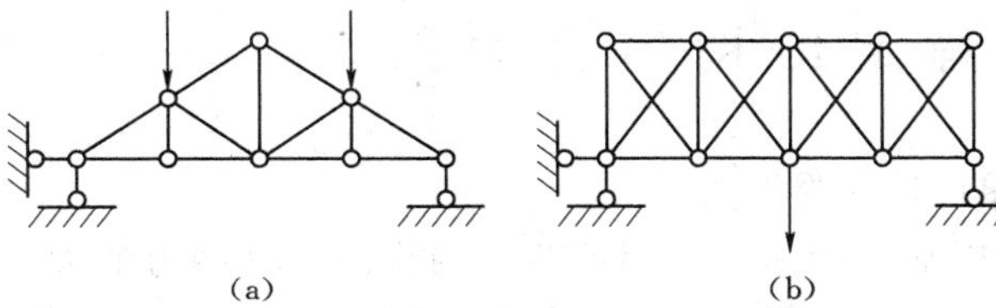

图 1.22 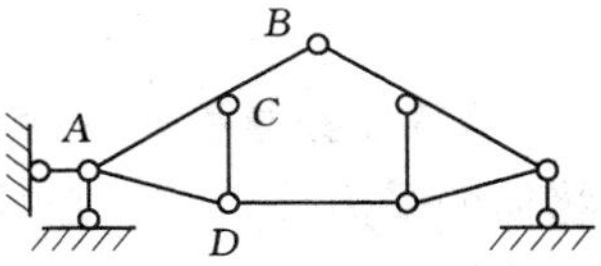   图 1.23

1.1.3 学习任务解析——绘制工程中简易结构的计算简图

根据上一节的相关知识，分析图 1.1 中简易结构的计算简图。

图 1.1（a）所示为带悬臂的梁式桥，主梁架在水面的两个桥柱上，可以视为一端固定铰支座，一端活动铰支座。车行驶到桥上，视为集中荷载，桥梁自重视为分布荷载，如图 1.24（a）所示。

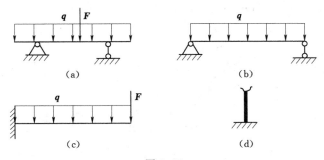

图 1.24

图 1.1（b）所示为房屋建筑中楼面的梁板结构，梁的两端支承在砖墙上，梁上的板用以支承楼面上的人群、设备重量等。因此将楼板及梁的自重视为均布荷载，重物等看作集中荷载（此处暂不考虑此项）。考虑到实际结构两端部可自由伸缩，但不能随意移动，可视一端为固定铰支座，另一端为活动铰支座，如图 1.24（b）所示。

图 1.1（c）所示为露天阳台，底板已经与侧面墙体固结为一体，视为固定端支

座。底板重量不能忽略，视为均布荷载，站立的人视为集中荷载，如图 1.24（c）所示。

图 1.1（d）所示的框架柱与基础之间采用混凝土浇筑，视为固定端支座，其上载荷暂不考虑，如图 1.24（d）所示。

结构计算简图的选择会经历一个复杂的过程，需要力学知识、结构知识、工程实践经验和洞察力，经过科学抽象、实验论证，根据实际受力、变形规律等主要因素，对结构进行合理简化。它不仅与结构的种类、功能有关，而且与作用在结构上的荷载、计算精度要求、结构构件的刚度比、安装顺序、实际运营状态及其他指标有关。计算简图的选择因计算状态（考虑强度或刚度、计算稳定或振动、钢筋混凝土抗裂验算等）而异，也依赖于所要采用的计算理论和计算方法。

任务 1.2　静定结构的受力图

1.2.1　学习任务导引——绘制简单构件的受力图

物体的受力分析，就是具体分析某一物体上受到哪些力的作用，这些力的大小、方向、位置如何？只有在对物体进行正确的受力分析之后，才有可能根据平衡条件由已知外力求出未知外力，从而为进行设备零部件的强度、刚度等设计和校核打下基础。

解力学题，重要的一环就是对物体进行正确的受力分析。由于各物体间的作用是交互的，任何一个力学问题都不可能只涉及一个物体，力是不能离开物体而独立存在的。对构件作受力分析，是进行力学计算的基础。

前面章节 1.1.1 中图 1.1 给出的四个简易结构已经得到了计算简图（图 1.24），那么如何对图中构件进行受力分析，画出受力图？

另外，如何对图 1.25 所示结构简图的整体作受力分析？

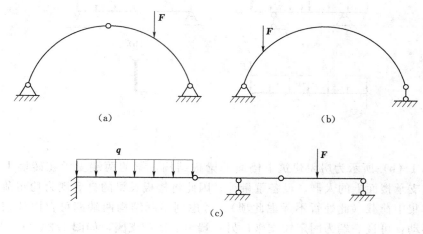

（a）　　　　　　　　　　　　　　（b）

（c）

图 1.25

下一小节的学习单元里给出的受力分析方法及步骤可以帮助我们解决这个问题。

1.2.2　学习内容

研究力学问题，首先要了解物体的全部受力情况，即对物体进行受力分析。在工程实际中，常常遇到几个物体联系在一起的情况，因此，在对物体进行受力分析时，首先要明确研究对象，并设法从与它相联系的周围物体中将其分离出来，单独画出受力情况。这种从周围物体中单独分离出来的研究对象，称为分离体。取出分离体后，将周围物体对它的作用用力矢量的形式表示出来，这样得到的图形即为物体的受力图。选取合适的研究对象与正确画出物体受力图是解决力学问题的前提和依据，必须熟练掌握。

1.3　☑
物体系统的
受力图

画受力图的方法与步骤如下：

第一步，确定研究对象（研究对象可以是一个物体，可以是几个物体的组合，也可以是整个物体系统），这要根据已知条件及题意要求来选取。

第二步，对研究对象进行受力分析，分析它是在受哪些力的作用下处于平衡的，其中哪些力是已知的，哪些力是未知的。这样应用力系的平衡条件，就能根据已知量把未知量计算出来。

对物体作出全面的、正确的受力分析，并且画出受力图，是解决静力学问题的第一步，也是关键性的一步。如果这一步搞错，以后的计算就会导致错误的结果。

画受力图时还应该注意：

（1）只画研究对象所受的力，不画研究对象施加给其他物体的力。

（2）只画外力不画内力。

（3）画作用力与反作用力时，二者必须画成作用线方位相同、指向相反。

（4）同一个约束反力同时出现在物体系统的整体受力图和拆开画的部分受力图中时，它的指向必须一致。

作用于结构或构件上的主动力即为荷载。荷载的种类很多，主要的分类就是分布力和集中力。

单个杆件的基本变形形式有：拉伸和压缩变形、剪切变形、扭转变形和弯曲变形。

杆系结构的类型有：梁、刚架、桁架、拱和组合结构。

1.2.3　学习任务解析——绘制简单构件的受力图

根据上一节的相关知识，绘制图 1.24 中主要构件的受力图。

根据绘制受力图的方法，主动力保持不变（包括大小和方向）画在研究对象上。这里的支座形式主要有三种：固定铰支座、活动铰支座和固定端支座。根据它们的约束形式，固定铰支座解除约束后用两个正交的集中力代替，活动铰支座解除约束后用沿不可运动方向的一个集中力代替，固定端支座解除约束后用两个正交的集中力和一个力偶代替，这里约束未知力的指向可随意设置（如竖直力向下或向上都可以，因为在后面的平衡方程里可以得到答案）。因此，可以得到图 1.24 的受力图，如图 1.26 所示。整体受力分析时，中间铰为结构内部构件之间的约束，不加约束力（注意：只有去掉约束，才会出现相应的约束反力），图 1.25 的受力图如图 1.27 所示。

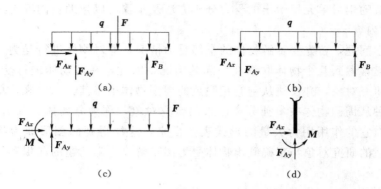

图 1.26

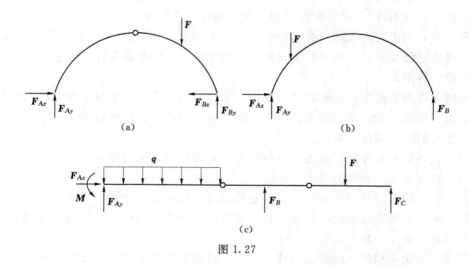

图 1.27

【例 1.1】　重量为 G 的小球，如图 1.28（a）所示放置，试画出小球的受力图。

解：（1）根据题意取小球为研究对象。

（2）画出主动力：受到的主动力为小球所受重力 G，作用于球心竖直向下。

（3）画出约束反力：受到的约束反力为绳子的约束反力 T_A，作用于接触点 A，沿绳子的方向，背离小球；以及光滑面的约束反力 F_{NB}，作用于球面和支点的接触点 B，沿着接触点的公法线（沿半径，过球心），指向小球。

把 G、T_A、F_{NB} 全部画在小球上，就得到小球的受力图，如图 1.28（b）所示。

【例 1.2】　试画出如图 1.29（a）所示搁置在墙上的梁的受力图。

解：在实际工程结构中，要求梁在支承端处不得有竖向和水平方向的运动，为了反映墙对梁端部的约束性能，可按梁的一端为固定铰支座、另一端为可动铰支座来分析。简图如图 1.29（b）所示。在工程上称这种梁为简支梁。

（1）按题意取梁为研究对象。

（2）画出主动力：受到的主动力为均布荷载 q。

（3）画出约束反力：受到的约束反力，在 B 点为可动铰支座，其约束反力 F_B 与支承面垂直，方向假设为向上；在 A 点固定铰支座，其约束反力过铰中心点，但方向未定，通常用互相垂直的两个分力 F_{Ax} 与 F_{Ay} 表示，假设指向如图 1.29（c）所示。

把 q、F_{Ax}、F_{Ay}、F_B 都画在梁上，就得到梁的受力图，如图 1.29（c）所示。

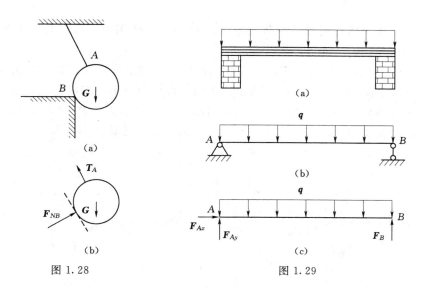

图 1.28   图 1.29

【例 1.3】 图 1.30（a）所示三角形托架中，节点 A、B 处为固定铰支座，C 处为铰链连接。不计各杆的自重以及各处的摩擦。试画出杆件 AD 和 BC 及整体的受力图。

解：（1）取斜杆 BC 为研究对象。该杆上无主动力作用，所以只画约束反力。杆的两端都是铰链连接，其受到的约束反力应当是通过铰中心、方向未定的未知力。但杆 BC 只受 F_B 与 F_C 这两个力的作用，而且处于平衡，杆 BC 为二力杆，由二力平衡条件可知 F_B 和 F_C 必定大小相等，方向相反，作用线沿两铰链中心的连线，方向可先任意假定。本题中从主动力 F 分析，杆 BC 受压，因此 F_B 与 F_C 的作用线沿两铰

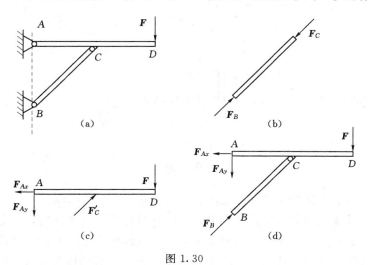

图 1.30

中心连线指向杆件，画出 BC 杆受力图如图 1.30（b）所示。

（2）取水平杆 AD 为研究对象。先画出主动力 F，再画出约束反力 F_C'、F_{Ax} 和 F_{Ay}，其中 F_C' 与 F_C 是作用力与反作用力关系，画出 AD 杆的受力图如图 1.30（c）所示。

（3）取整体为研究对象，只考虑整体外部对它的作用力，画出受力图如图 1.30（d）所示。

【例 1.4】　图 1.31（a）所示为工业建筑厂房内的组合式吊车梁，上弦为钢筋混凝土 T 形截面梁，如图 1.31（b）所示。下面的杆件由角钢和钢板组成，节点处为焊接，梁上铺设钢轨，吊车在钢轨上可左右移动，最大吊车轮压 P_1 和 P_2，吊车梁两端由柱子上的牛腿支撑。对该结构从下面几个方面考虑其计算简图，并作出整体及 AB 梁的受力分析图。

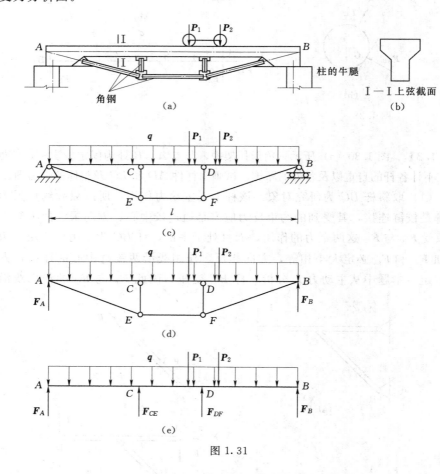

图 1.31

解：（1）体系、杆件及其相互之间连接的简化。

首先假设组成结构的各杆其轴线都是直线并且位于同一平面内，将各杆都用其轴线来表示。由于上弦为整体的钢筋混凝土梁，其截面较大。因此，将 AB 简化为一根连接梁。而其他杆件与 AB 杆相比，基本上只受到轴力，所以都视为二力杆（即链杆），

AE、BF、EF、CE 和 DF 各杆之间的连接，都简化为铰接，其中 C、D 铰链在 AB 梁的下方。

（2）支座的简化。

整个吊车梁搁置在柱的牛腿上，梁与牛腿相互之间仅由较短的焊缝连接，吊车梁既不能上下移动，也不能水平移动。但是，梁在受到荷载作用后，其两端仍然可以作微小的转动。此外，当温度发生变化时，梁还可以发生自由伸缩。为便于计算，同时又考虑到支座的约束力情况，将支座简化成一端为固定铰支座，另一端为活动铰支座。由于吊车梁的两端各种在柱的牛腿上，其支撑接触面的长度较小，所以，可取梁两端与柱的牛腿接触面中心间距，即两支座间的水平距离作为梁的计算跨度 l。

（3）荷载的简化。

作用在整个吊车梁上的荷载有恒载和活荷载。恒载包括钢轨、梁的自重，可简化为作用在沿梁纵向轴线上的均布荷载 q，活荷载是吊车的轮压 P_1 和 P_2，由于吊车轮子与钢轨的接触面积很小，可简化为分别作用于梁上两点的集中荷载。

计算简图如图 1.31（c）所示，整体的受力分析图如图 1.31（d）所示，AB 梁的受力分析图如图 1.31（e）所示。

【例 1.5】 图 1.32（a）所示为预制钢筋混凝土站台的雨篷结构，试确定其计算简图。

解：（1）体系的简化。该结构由一根立柱和两根横梁组成，立柱和水平梁均为矩形等截面杆，斜梁是一根矩形变截面杆。在计算简图中，立柱和梁均用它们各自的轴线表示。由于柱与梁的连接处用混凝土整体浇筑，钢筋的配置保证二者牢固地联结在一起，变形时，相互之间不能有相对转动，故在计算简图中简化成刚结点。

（2）支座的简化。立柱下端与基础连成一体，基础限制立柱下端不能有水平方向和竖直方向的移动，也不能有转动，故在计算简图中简化成固定支座。

（3）荷载的简化。作用在梁上的荷载有梁的自重、雨篷板的重量等，这些可简化为作用在梁轴线上沿水平跨度分布的线荷载，如图 1.32（b）所示。斜梁截面变化不剧烈，荷载一般也简化均布荷载。如果把荷载简化成沿斜梁轴线分布，如图 1.32（c）

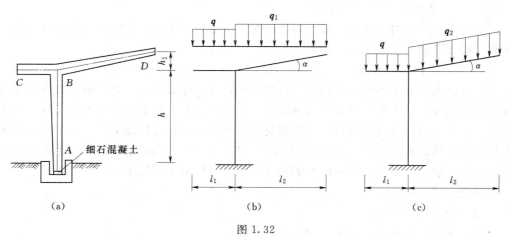

图 1.32

所示，$q_2 = q_1 \cos\alpha$，α 为斜梁倾角。

小　　结

1. 力的概念

力是物体间的相互作用。力对物体作用会产生两种效应：运动效应（外效应）和变形效应（内效应）。力的效应取决于力的三要素——大小、方向、作用点。

2. 静力学基本公理

（1）二力平衡公理。

二力平衡公理又称二力平衡条件，它是刚体平衡最基本的规律，是推证力系平衡条件的理论依据。所谓平衡，是指刚体相对于地球处于静止或匀速直线运动状态。使刚体处于平衡状态的力系对刚体的效应等于零。

（2）加减平衡力系公理。

加减平衡力系公理是力系简化的重要理论依据。加减平衡力系公理和力的可传性原理只适用于刚体。

（3）力的平行四边形法则。

力的平行四边形法则表明，作用在物体上同一点的两个力可以用平行四边形法则合成。反过来，一个力也可以用平行四边形法则分解为两个分力。平行四边形法则是所有用矢量表示的物理量相加的法则。三力平衡汇交定理阐明了物体在三个不平行的力作用下平衡的必要条件。

（4）作用与反作用定律。

作用与反作用定律反映了力是物体间相互机械作用的这一最基本的性质，说明了力总是成对出现的。

3. 约束与约束反力

阻碍物体自由运动的限制物体称为约束。约束反力就是约束作用于被约束物体上的力。正是这种力阻碍被约束物体沿某些方向的运动。因而约束反力的方向总是与约束所能阻碍的被约束物体的运动或运动趋势的方向相反。

4. 工程中常见的约束形式

柔性约束、光滑接触面约束、固定铰支座、活动铰支座、中间铰约束、链杆约束和固定端支座都是工程中常见的约束形式。

5. 受力分析与受力图

约束反力一定要根据各类约束的性质画出，有时还要根据二力平衡条件和作用与反作用定律及三力平衡汇交定理来判定约束反力的方向。约束反力的方向能够预先确定的，在受力图上应正确画出；如果指向不能预先确定，可以假定，但力的作用线的方位不能画错；指向假定是否正确，可以由以后计算所得的结果来判断。在一般情况下，圆柱铰链的约束反力的方向不能预先确定，可用两个相互垂直的分力表示。

画受力图的步骤：

（1）确定研究对象。

（2）进行受力分析，画出主动力与约束力。

画受力图时应注意：

（1）只画研究对象所受的力。不画研究对象施加给其他物体的力。

（2）只画外力不画内力。

（3）画作用力与反作用力时，二者必须画成作用线方位相同、指向相反。

（4）同一个约束反力同时出现在物体系统的整体受力图和拆开画的部分物体受力图中时，它的指向必须一致。

6. 荷载

作用于结构或构件上的主动力即为荷载。荷载的种类很多，主要的分类就是分布力、集中力和集中力偶。

7. 单个杆件的基本变形形式

单个杆件的基本变形形式包括拉伸和压缩变形、剪切变形、扭转变形、弯曲变形。

8. 杆系结构的类型

杆系结构的类型包括梁、刚架、桁架、拱和组合结构。

习　题

1.1　试画出下列各图中圆柱或圆盘的受力图（与其他物体接触处的摩擦力均略去）。

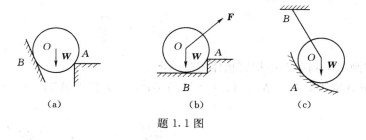

（a）　　　　　　（b）　　　　　　（c）

题 1.1 图

1.2　试画出下列各图中 AB 杆的受力图。

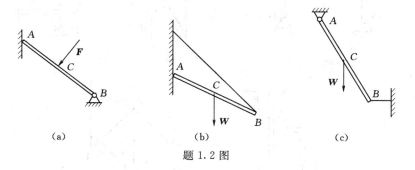

（a）　　　　　　（b）　　　　　　（c）

题 1.2 图

1.3　分别画出下列图中三个物体系中各杆件的受力图和各物体系整体的受力图。

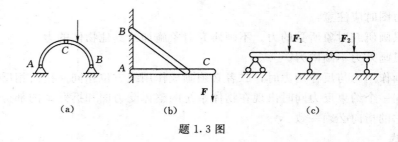

题 1.3 图

1.4 试画出下列各图中 *AB* 梁的受力图。

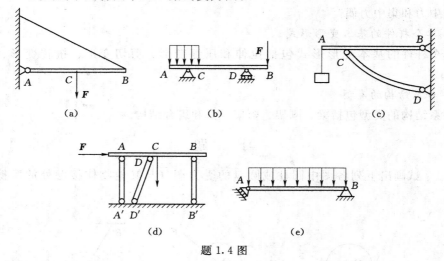

题 1.4 图

1.5 试画出下列各图中指定物体的受力图。

（a）刚架 *ABCD*；（b）节点 *B*；（c）踏板 *AB*；（d）杆件 *AB*；（e）方板 *ABCD*。

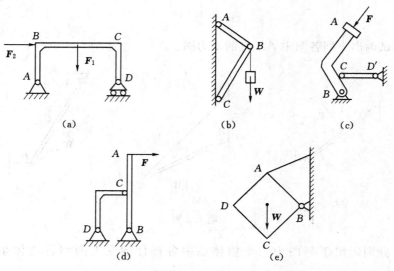

题 1.5 图

1.6　试画出下列各图中指定物体的受力图。

（a）半拱 AB，半拱 BC 及整体；（b）杠杆 AB，切刀 CEF 及整体。

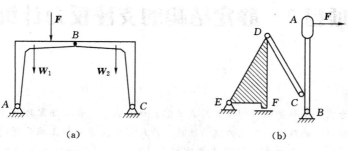

题 1.6 图

项目 2　静定结构的支座反力计算

知识目标

　　熟练掌握力在坐标轴上的投影及力对点之矩的计算。掌握合力矩定理及力对物体转动效应的计算；理解力偶的概念，熟悉力偶的性质。应用解析法解决挡土墙等所受平面一般力系向一点的简化；利用平衡方程求解塔式起重机、普通简支梁和物体系统等结构的平衡计算问题。

能力目标

　　熟悉力在坐标轴上的投影和力矩、力偶的概念，力偶的性质，能够对平面一般力系向一点进行简化，并能够运用平衡方程求解静定结构的支座反力。

任务 2.1　平面一般力系向一点简化

2.1.1　学习任务导引——挡土墙受力向一点简化

　　在静力学中，为了便于研究问题，通常按力系中各力作用线分布情况的不同将力系分为平面力系和空间力系两大类。各力的作用线均在同一平面上的力系称为平面力系；作用线不全在同一平面上的力系称为空间力系。

　　在平面力系中，各力的作用线汇交于一点的力系，称为平面汇交力系。各力的作用线位于同一平面内，互相平行的力系称为平面平行力系。各力的作用线位于同一平面内，但不全汇交于一点，也不全互相平行的力系称为平面一般力系。

　　例如，用力 F 拉动碾子压平路面，当受到石块的阻碍而停止前进时，碾子受到拉力 F、重力 F_P、地面反力 F_{NB} 以及石块反力 F_{NA} 的作用，以上各力的作用线都在铅垂平面内且汇交于碾子中心 C 点，这也是平面汇交力系，如图 2.1 所示。平面一般力系是工程上最常见的力系，很多实际问题都可简化成平面一般力系问题处理。例如，图 2.2 所示的三角形屋架，它的厚度比其他两个方向的尺寸小得多，这种结构称为平

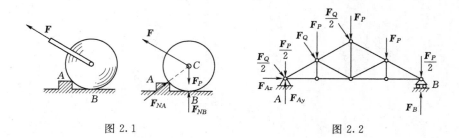

图 2.1　　　　　　　　　　　　　　图 2.2

面结构，它承受屋面传来的竖向荷载 F_P、风荷载 F_Q 以及两端支座的约束反力 F_{AX}、F_{AY}、F_B，这些力组成了一个平面一般力系。

在实际工程问题中，物体的受力情况往往比较复杂，为了研究力系对物体的作用效应，或讨论物体在力系作用下的平衡规律，需要将力系进行等效简化。

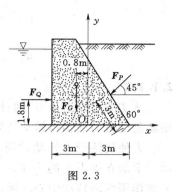

图 2.3

如图 2.3 所示挡土墙承受自重 F_G、水压力 F_Q、土压力 F_P 荷载作用，各力的方向及作用线位置如图所示构成平面一般力系。在工程实践中首先关注的是在以上三个荷载的作用下挡土墙是否会倾覆，为了分析在已知荷载作用下挡土墙的平衡状态，需要对挡土墙所受荷载向一点简化，以确定荷载作用效果。实际工程中存在大量这样的倾覆问题，是工程力学要解决的主要问题之一。要解决类似的问题，需要学习以下一些知识：力在坐标轴上的投影，力对点之矩，力偶的概念和性质，力系的简化等。下面对以上几个知识点做具体的介绍。

2.1 ▶

力在坐标轴上的投影

2.1.2　学习内容

2.1.2.1　力在坐标轴上的投影

设在刚体上 A 点作用一个力 F，通过力 F 的两端 A 和 B 分别向 x 轴作垂线，垂足为 a 和 b，如图 2.4 (a) 所示。线段 ab 的长度冠以适当的正负号就表示这个力在 x 轴上的投影，记为 F_x。同理可求力 F 在 y 轴上的投影 F_y，如图 2.4 (b) 所示。

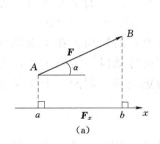
（a）

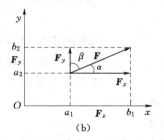
（b）

图 2.4

若力 F 与 x 轴、y 轴之间的夹角分别为 α、β，则力 F 在直角坐标轴上的投影为

$$\left.\begin{array}{l} F_x = \pm F\cos\alpha \\ F_y = \pm F\cos\beta \end{array}\right\} \tag{2.1}$$

正负号规定：从力的起点投影（a_1 或 a_2）到终点投影（b_1 或 b_2）的方向与坐标轴的正向一致时取正值；反之，取负值。

力在坐标轴上投影的计算要点：

（1）力平移，力在坐标轴上投影不变。

（2）力垂直于某轴，力在该轴上投影为零。

（3）力平行于某轴，力在该轴上投影的绝对值为力的大小。

若作用于一点的 n 个力 $\boldsymbol{F}_1$，$\boldsymbol{F}_2$，$\cdots$，$\boldsymbol{F}_n$ 的合力为 $\boldsymbol{F}_R$，则：合力在某轴上的投影，等于各分力在同一轴上投影的代数和，这就是合力投影定理。即

$$\left.\begin{array}{l} F_{Rx} = F_{1x} + F_{2x} + \cdots + F_{nx} = \sum_{i=1}^{n} F_{ix} \\[2mm] F_{Ry} = F_{1y} + F_{2y} + \cdots + F_{ny} = \sum_{i=1}^{n} F_{iy} \end{array}\right\} \tag{2.2}$$

2.1.2.2　力对点之矩

从实践中知道，力对物体的作用效果除了能使物体移动外，还能使物体转动，力矩就是度量力使物体转动效果的物理量。

力使物体产生转动效应与哪些因素有关呢？现以扳手拧螺帽为例，如图 2.5 所示。手加在扳手上的力 $\boldsymbol{F}$，使扳手带动螺帽绕中心 O 转动。力 $\boldsymbol{F}$ 越大，转动越快；力的作用线离转动中心越远，转动也越快；如果力的作用线与力的作用点到转动中心 O 点的连线不垂直，则转动的效果就差；当力的作用线通过转动中心 O 时，无论力 $\boldsymbol{F}$ 多大也不能扳动螺帽，只有当力的作用线垂直于转动中心与力的作用点的连线时，

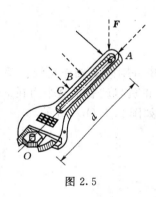

图 2.5

转动效果最好。另外，当力的大小和作用线不变而指向相反时，将使物体向相反的方向转动。通过大量的实践可以总结出以下的规律：力使物体绕某点转动的效果，与力的大小成正比，与转动中心到力的作用线的垂直距离 d 也成正比。这个垂直距离称为力臂，转动中心称为力矩中心（简称矩心）。力的大小与力臂的乘积称为力 $\boldsymbol{F}$ 对点 O 之矩（简称力矩），记作 $M_O(F)$。计算公式可写为

$$M_O(F) = \pm Fd \tag{2.3}$$

式中的正负号表示力矩的转向。在平面内规定：力使物体绕矩心作逆时针方向转动时，力矩为正；力使物体作顺时针方向转动时，力矩为负。因此，力矩是个代数量。力矩的单位是 N·m 或 kN·m。

1. 力矩的性质

（1）力 $\boldsymbol{F}$ 对点 O 的矩，不仅决定力的大小，同时与矩心的位置也有关。矩心的位置不同，力矩随之不同。

（2）当力的大小为零或力臂为零时，则力矩为零。

（3）力沿其作用线移动时，因为力的大小、方向和力臂均没有改变，所以力矩不变。

（4）相互平衡的两个力对同一点的矩的代数和等于零。

2. 合力矩定理

如果有 n 个平面汇交力作用于点 A，则平面汇交力系的合力对平面内任一点之矩，等于力系中各分力对同一点力矩的代数和，称为合力矩定理。即

$$M_O(F_R) = M_O(F_1) + M_O(F_2) + \cdots + M_O(F_n) = \sum M_O(F) \tag{2.4}$$

【例 2.1】　试计算图 2.6（a）中力 $\boldsymbol{F}$ 对点 A 之矩。

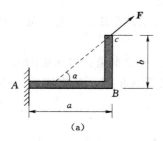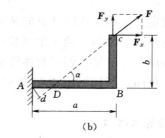

图 2.6

解：本例中有两种解法。

（1）由力矩定义计算力 $\boldsymbol{F}$ 对点 A 之矩。

由图 2.6（b）中几何关系有：

$$d = AD\sin\alpha = (AB-DB)\sin\alpha = (AB-BC\cot\alpha)\sin\alpha$$
$$= (a-b\cot\alpha)\sin\alpha = a\sin\alpha - b\cos\alpha$$

所以

$$M_A(F) = Fd = F(a\sin\alpha - b\cos\alpha)$$

（2）根据合力矩定理计算力 $\boldsymbol{F}$ 对点 A 之矩。

$$M_A(F) = M_A(F) + M_A(F) = -F_x b + F_y a$$
$$= -Fb\cos\alpha + Fa\sin\alpha$$
$$= F(a\sin\alpha - b\cos\alpha)$$

2.1.2.3　力偶和力偶矩

1. 力偶

由大小相等、方向相反、作用线平行的二力组成的力系称为力偶。在实践中，汽车司机用双手转动转向盘，钳工用丝锥攻螺纹（图 2.7），以及日常生活中人们用手拧水龙头开关，用手指旋转钥匙，都是施加力偶的实例。作用于其上的力均是成对出现的，它们大小相等、方向相反、作用线平行，构成一个力偶。

力偶与力一样，也是力学中的一种基本物理量。力偶用符号（$\boldsymbol{F}$，$\boldsymbol{F}'$）表示。力偶所在的平面称为力偶作用面，力偶的二力间的垂直距离称为力偶臂。由力偶的概念可知，力偶不能和一力等效，即不能合成为一个合力，或者说力偶无合力，那么一个力偶不能与一个力相平衡，力偶只能与力偶相平衡。力偶不能再简化成比力更简单的形式，所以力偶与力一样被看成是组成力系的基本元素。

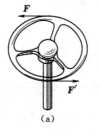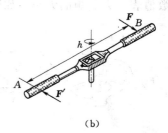

图 2.7

2. 力偶矩

力偶中力的大小和力偶臂的乘积并冠以适当正负号（以示转向）来度量力偶对物体的转动效应，称为力偶矩，用 M 表示。即

$$M = \pm Fd \tag{2.5}$$

正负号规定：使物体逆时针方向转动时，力偶矩为正；反之为负。力偶矩的单位与力矩的单位相同，常用牛顿·米（N·m）。

大量实践证明，度量力偶对物体转动效应的三要素是：力偶矩的大小、力偶的转向及力偶的作用面。不同的力偶只要它们的三要素相同，对物体的转动效应就是一样的。

3. 力偶的基本性质

性质 1　力偶没有合力，所以力偶不能用一个力来代替，也不能与一个力来平衡。

性质 2　力偶对其作用面内任一点之矩恒等于力偶矩，且与矩心位置无关。

性质 3　在同一平面内的两个力偶，如果它们的力偶矩大小相等，转向相同，则这两个力偶等效，称为力偶的等效条件。

从以上性质可以得到两个推论：

推论 1　力偶可在其作用面内任意转移，而不改变它对物体的转动效应，即力偶对物体的转动效应与它在作用面内的位置无关。

例如图 2.8（a）所示，作用在方向盘上的两上力偶（F_1，F_1'）与（F_2，F_2'），只要它们的力偶矩大小相等，转向相同，作用位置虽不同，转动效应是相同的。

推论 2　在力偶矩大小不变的条件下，可以改变力偶中力的大小和力偶臂的长短，而不改变它对物体的转动效应。

例如图 2.8（b）所示，工人在利用丝锥攻螺纹时，作用在螺纹杠上的（F_1，F_1'）或（F_2，F_2'），虽然 d_1 和 d_2 不相等，但只要调整力的大小，使力偶矩 $F_1 d_1 = F_2 d_2$，则两力偶的作用效果是相同的。

从上面两个推论可知，在研究与力偶有关的问题时，不必考虑力偶在平面内的作用位置，也不必考虑力偶中力的大小和力偶臂的长短，只需考虑力偶的大小和转向。所以常用带箭头的弧线表示力偶，箭头方向表示力偶的转向，弧线旁的字母 M 或者数值表示力偶矩的大小，如图 2.9 所示。

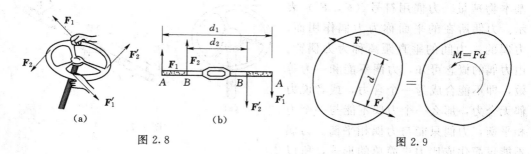

图 2.8

图 2.9

2.1 ▶

平面力系的简化

2.1.2.4　平面一般力系向平面内一点的简化

作用在刚体上的一个力 F 可以平移到同一刚体上的任一点 O，但必须同时附加一个力偶，其力偶矩等于原力 F 对新作用点 O 的力矩，称为力的平行移动定理，简称力的平移定理，如图 2.10 所示。

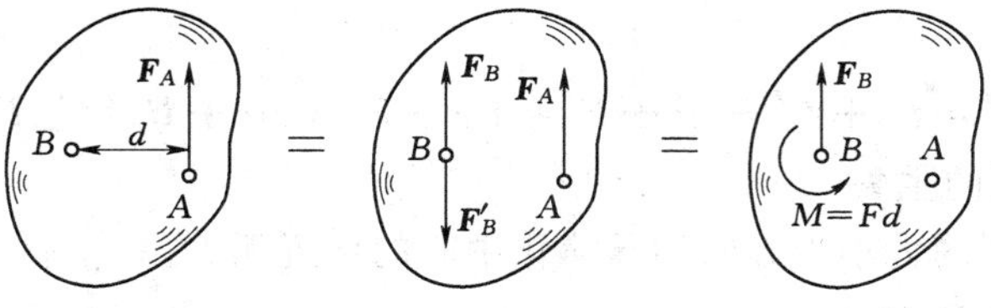

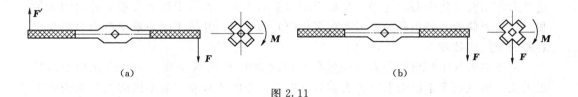

图 2.10

该定理指出，一个力可以等效为一个力和一个力偶的联合作用，或者说一个力可以分解为作用在同一平面内的一个力和一个力偶。反之，其逆定理也成立，即同一平面内的一个力和一个力偶可以合成为一个合力。可以根据力线平移定理得到证明，这里不再赘述。

应用力的平移定理，有时能更清楚地看出力对物体的作用效果。例如使用丝锥攻螺纹时，要求用双手均匀加力，这时螺杆仅受一力偶作用，如图 2.11（a）所示。如双手用力不均或用单手加力如图 2.11（b）所示，这时丝锥将受一个力和一个力偶的共同作用，这个力将引起丝锥的弯曲甚至折断。

（a）   （b）

图 2.11

1. 平面一般力系向平面内一点的简化

设在刚体上作用有平面一般力系 $F_1, F_2, \cdots, F_n$，如图 2.12（a）所示。为将这力系简化，首先在该力系的作用面内任选一点 O 作为简化中心，根据力的平移定理，将力系中各力全部平移到 O 点后，如图 2.12（b）所示，则原力系就被平面汇交力系 $F_1', F_2', \cdots, F_n'$ 和力偶矩为 $M_1, M_2, \cdots, M_n$ 的附加平面力偶系所代替。因此平面一般力系的简化就转化为此平面内的平面汇交力系和平面力偶系的合成。然后将平面汇交力系和平面力偶系合成，就得到作用于点 O 的力 F' 和力偶矩为 M_O 的一个力偶，如图 2.12（c）所示。

2.1 📱
平面力系简化

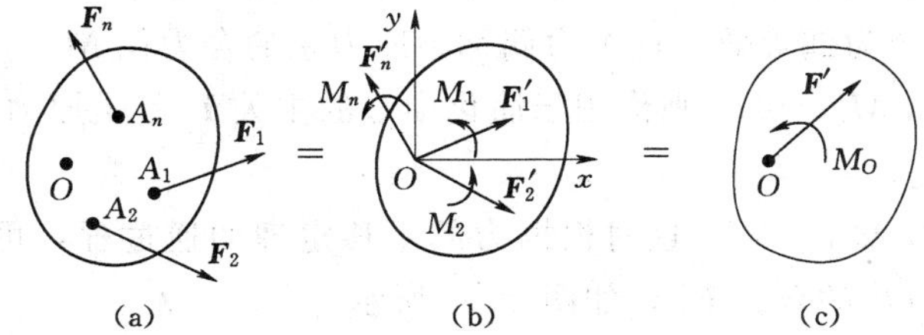

（a）   （b）   （c）

图 2.12

对于平面汇交力系的情况，其合力可以按两个共点力的合成方法，逐次使用力三角形法可求得

$$F' = F'_1 + F'_2 + \cdots + F'_n = F_1 + F_2 + \cdots + F_n = \sum F_i \quad (2.6)$$

式中：F' 为该力系的主矢。

显然，主矢 F' 的大小与方向均与简化中心的位置无关。

主矢 F' 的大小和方向为

$$F' = \sqrt{(F'_x)^2 + (F'_y)^2} = \sqrt{(\sum F_{xi})^2 + (\sum F_{yi})^2} \quad (2.7a)$$

$$\tan\alpha = \frac{|F'_y|}{|F'_x|} = \frac{|\sum F_{yi}|}{|\sum F_{xi}|} \quad (2.7b)$$

式中：α 为 F' 与 x 轴所夹的锐角；F' 的指向由 $\sum F_{xi}$ 和 $\sum F_{yi}$ 的正负号确定。

另外，平面力偶系可以合成为一个合力偶，其合力偶矩等于各分力偶矩的代数和，即：

$$M_O = m_1 + m_2 + \cdots + m_n = \sum m \quad (2.8)$$

综上所述：平面一般力系向作用面内任一点简化的结果，是一个力和一个力偶。这个力作用在简化中心，它的矢量称为原力系的主矢，并等于这个力系中各力的矢量和。这个力偶的力偶矩称为原力系对简化中心的主矩，并等于原力系中各力对简化中心的力矩的代数和。

由于主矢等于原力系各力的矢量和，因此主矢 F' 的大小和方向与简化中心的位置无关。而主矩等于原力系中各力对简化中心力矩的代数和，取不同的点作为简化中心，各力的力臂都要发生变化，则各力对简化中心的力矩也会改变，因此，主矩一般随着简化中心的位置不同而改变。

2. 平面一般力系简化结果的讨论

平面一般力系向一点简化，一般可得到一个力和一个力偶，但这并不是最后简化结果。根据主矢与主矩是否存在，可能出现下列几种情况：

（1）若 $F' = 0$，$M_O \neq 0$，说明原力系与一个力偶等效，而这个力偶的力偶矩就是主矩。

由于主矢 F' 与简化中心的位置无关，当力系向某点 O 简化时，其 $F' = 0$，则该力系向作用面内任一点简化时，其主矢也必然为零。在这种情况下，简化结果与简化中心的位置无关。也就是说，无论向哪一点简化，都是一个力偶，而且力偶矩保持不变。即原力系与一个力偶等效，这个力偶称为原力系的合力偶 M。

（2）若 $F' \neq 0$，$M_O = 0$，则作用于简化中心的主矢 F' 就是原力系的合力 F_R，作用线通过简化中心。

（3）若 $F' \neq 0$，$M_O \neq 0$，这时根据力的平移定理的逆过程，可以进一步简化成一个作用于另一点 O' 的合力 F_R，如图 2.13 所示。

将力偶矩为 M_O 的力偶用两个反向平行力 F_R、F'' 表示，并使 F'' 和 F' 等值、共线，使它们构成一平衡力〔图 2.13（b）〕，为保持 M_O 不变，只要取力臂 d 为

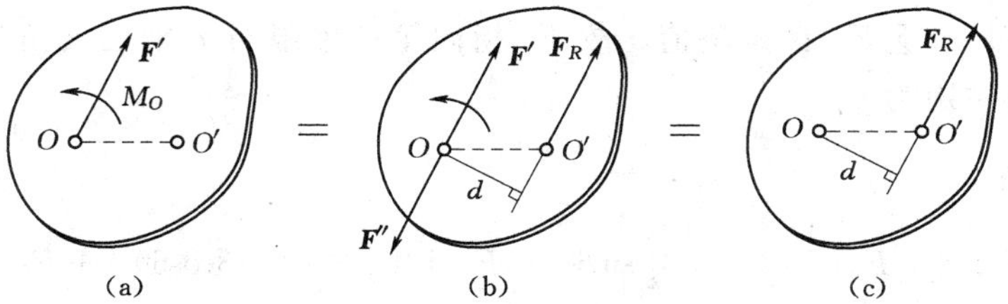

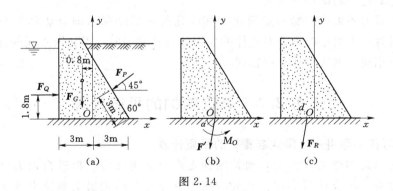

图 2.13

$$d = \frac{|M_O|}{F'} = \frac{|M_O|}{F_R} \tag{2.9}$$

将 F' 和 F'' 这一平衡力系去掉，这样就只剩下 F_R 力与原力系等效。因此，力 F_R 就是原力系的合力。至于合力 F_R 的作用线在简化中心点 O 的哪一侧，可由主矩 M_O 的转向来决定。

（4）若 $F'=0,M_O=0$，则力系是平衡力系（这种情况将在下节中讨论）。

综上所述，平面一般力系简化的最后结果（即合成结果）可能是一个力偶，或者是一个合力，或者是平衡。

2.1.3　学习任务解析——平面一般力系向一点简化

【例 2.2】　已知挡土墙自重 $F_G = 400\text{kN}$，水压力 $F_Q = 180\text{kN}$，土压力 $F_P = 300\text{kN}$，各力的方向及作用线位置如图 2.14（a）所示。试将这三个力向底面中心点 O 简化，并求简化的最后结果。

图 2.14

解： 以底面中心点 O 为简化中心，取坐标系如图 2.14（a）所示，由于

$$\sum F_{xi} = F_Q - F_P\cos45° = 180 - 300 \times 0.707 = -32.1(\text{kN})$$

$$\sum F_{yi} = -F_P\sin45° - F_G = -300 \times 0.707 - 400 = -612.1(\text{kN})$$

所以

$$F' = \sqrt{(\sum F_{xi})^2 + (\sum F_{yi})^2} = \sqrt{(-32.1)^2 + (-612.1)^2} = 612.9(\text{kN})$$

$$\tan\alpha = \frac{|\sum F_y|}{|\sum F_x|} = \frac{612.1}{32.1} = 19.1$$

$$\alpha = 87°$$

因为 $\sum F_x$ 和 $\sum F_y$ 都是负值，故 F' 指向第三象限与 x 轴之夹角为 α，再由式（2.8）可求得主矩为

$$M_O = \sum M_O(F)$$

$$= -F_Q \times 1.8 + F_P\cos 45° \times 3 \times \sin 60° - F_P\sin 45° \times (3 - 3\cos 60°) + F_G \times 0.8$$

$$= -180 \times 1.8 + 300 \times 0.707 \times 3 \times 0.866 - 300 \times 0.707 \times (3 - 3 \times 0.5) + 400 \times 0.8$$

$$= 228.9(\text{kN} \cdot \text{m})$$

计算结果为正值表示 M_O 是逆时针转向。因为主矢 $F' \neq 0$，主矩 $M_O \neq 0$，如图 2.14（b）所示，所以还可进一步合成为一个合力 $\boldsymbol{F}_R$。$\boldsymbol{F}_R$ 的大小、方向与 $\boldsymbol{F}'$ 相同，它的作用线与点 O 的距离为

$$d = \frac{|M_O|}{F'} = \frac{228.9}{612.9} = 0.375(\text{m})$$

因 M_O 为正，故 $M_O(F)$ 也应为正，即合力 $\boldsymbol{F}_R$ 应在点 O 左侧，如图 2.14（c）所示。

由以上结果可以看出：

第一，原力系无论向哪一点（O 或 A）简化，主矢 $\boldsymbol{F}'_R$ 的大小和方向都不变，即主矢与简化中心的位置无关，而向点 O 简化与向点 A 简化所得主矩却不相同，说明主矩一般与简化中心的位置有关。

第二，原力系无论向哪一点简化，其简化的最后结果（即合成结果）总是相同的。这是因为一个给定的力系对刚体的作用效应是唯一的，不会因不同的计算途径而改变。如不相同，则表明计算有错误。

任务 2.2　静定结构的平衡计算

2.2.1　学习任务导引——塔式起重机的平衡计算

在静定结构的受力分析中，通常须预先求出支座反力，再进行内力计算，最后进行强度计算。求支座反力时，首先应根据支座的性质定出支座反力（包括个数和方位），然后假定支座反力的方向，再由整体或局部的平衡条件确定其数值和实际指向。

工程实际中存在大量的平衡计算问题，可以通过建立其计算简化模型，利用已知荷载求得其约束反力。图 2.15 所示为塔式起重机。已知轨距 $b = 4\text{m}$，机身重 $F_G = 220\text{kN}$，其作用线到右轨的距离 $e = 0.5\text{m}$，起重机的平衡重 $F_Q = 100\text{kN}$，其作用线到左轨的距离 $a = 6\text{m}$，荷载 $\boldsymbol{F}_P$ 的作用线到右轨的距离 $l = 8\text{m}$，试问：（1）验证空载时起重机是否会向左倾倒？（2）求出起重机不向右倾倒的最大荷载 $\boldsymbol{F}_P$。实际工程中存在大量的诸如此类平衡问题，是工程力学要解决的主要问题之一。要解决类似的问

2.2

平面力系
的平衡

题，需要学习以下一些知识：力对点之矩，力偶的概念和性质，力系的简化，平面一般力系的平衡条件以及平衡方程。下面对以上几个知识点做具体的介绍。

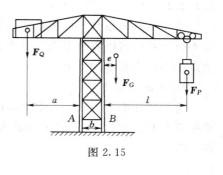

图 2.15

2.2.2　学习内容

2.2.2.1　平面一般力系的平衡方程

1. 平面一般力系平衡方程的基本形式

平面一般力系向任一点简化时，当主矢、主矩同时等于零，则该力系为平衡力系。因此，平面一般力系处在平衡状态的必要与充分条件是力系的主矢量与力系对于任一点的主矩都等于零，即 $F' = 0$，$M_O = 0$。

根据式（2.7a）及式（2.8），可得到平面一般力系平衡的充分必要条件为

$$\left.\begin{array}{l} \sum F_x = 0 \\ \sum F_y = 0 \\ \sum M_B = 0 \end{array}\right\} \tag{2.10}$$

式（2.10）说明，力系中各力在两个不平行的任意坐标轴上投影的代数和均等于零，所有各力对任一点力矩的代数和等于零，称为平面一般力系的平衡方程。

式（2.10）中包含两个投影方程和一个力矩方程，是平面一般力系平衡方程的基本形式。这三个方程是彼此独立的（即其中的一个不能由另外两个得出）。当方程中含有未知数时，式（2.10）即为三个方程组成的联立方程组，可以用来确定三个未知量。

2. 平面一般力系平衡方程的其他形式

前面我们通过平面一般力系的平衡条件导出了平面一般力系平衡方程的基本形式。除了这种形式外，还可将平衡方程表示为二力矩形式及三力矩形式。

（1）二力矩形式的平衡方程。

在力系作用面内任取两点 A、B 及 x 轴，可以证明平面一般力系的平衡方程可改写成两个力矩方程和一个投影方程的形式，即

$$\left.\begin{array}{l} \sum F_x = 0 \\ \sum M_A = 0 \\ \sum M_B = 0 \end{array}\right\} \tag{2.11}$$

式中，x 轴不与 A、B 两点的连线垂直。

（2）三力矩形式的平衡方程。

在力系作用面内任意取三个不在一条直线上的点 A、B、C，则

$$\left.\begin{array}{l} \sum M_A = 0 \\ \sum M_B = 0 \\ \sum M_C = 0 \end{array}\right\} \tag{2.12}$$

式中，A、B、C 三点不在同一直线上。

2.2.2.2　平面力系的特殊情况

平面一般力系是平面力系的一般情况。除平面汇交力系、平面力偶系外，还有平面平行力系都可以看作平面一般力系的特殊情况，它们的平衡方程都可以从平面一般力系的平衡方程得到。

1. 平面汇交力系

对于平面汇交力系，可取力系的汇交点作为坐标的原点，因各力的作用线均通过坐标原点 O，各力对点 O 的矩必为零，即恒有 $\sum M_O(F)=0$。因此，只剩下两个投影方程

$$\left.\begin{array}{l}\sum F_x=0\\\sum F_y=0\end{array}\right\} \tag{2.13}$$

即为平面汇交力系的平衡方程。

2. 平面力偶系

因构成力偶的两个力在任何轴上的投影必为零，则恒有 $\sum F_x=0$ 和 $\sum F_y=0$，只剩下第三个力矩方程 $\sum M_O=0$，但因力偶对某点的矩恒等于力偶矩，则力矩方程可改写为

$$\sum M=0 \tag{2.14}$$

即为平面力偶系的平衡方程。

2.4 ▶

平面一般力系的平衡计算（2）

2.2.3　学习任务解析——静定结构的支座反力计算

2.2.3.1　单个物体的平衡问题

受到约束的物体，在外力的作用下处于平衡，应用力系的平衡方程可以求出未知反力。求解过程按照以下步骤进行：

（1）根据题意选取研究对象，取出分离体。

（2）分析研究对象的受力情况，正确地在分离体上画出受力图。

（3）应用平衡方程求解未知量。应当注意判断所选取的研究对象受到何种力系作用，所列出的方程个数不能多于该种力系的独立平衡方程个数，并注意列方程时力求一个方程中只出现一个未知量，尽量避免解联立方程。

【例 2.3】　图 2.16 所示为起吊一个重 10kN 的构件。钢丝绳与水平线夹角 α 为 45°，求构件匀速上升时，绳的拉力是多少？

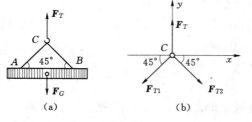

图 2.16

解： 构件匀速上升时处于平衡状态，整个系统在重力 F_G 和绳的拉力 F_T 的作用下平衡。即：

$$F_G=F_T=10\text{kN}$$

现在计算倾斜的钢丝绳 CA 和 CB 的拉力：

（1）根据题意取吊钩 C 为研究对象。

（2）画出吊钩 C 的受力图 2.16（b）。

吊钩受垂直方向拉力 F_T 和倾斜钢丝绳 CA 和 CB 的拉力 F_{T1} 和 F_{T2}，构成一平面汇交力系，且为平衡的力系，应满足平衡方程。

（3）选取坐标系如图 2.16（b）所示，坐标系原点 O 放在吊钩 C 上。

（4）列平衡方程，求未知 F_{T1}、F_{T2}。

$$\sum F_x = 0, \quad -F_{T1}\cos45° + F_{T2}\cos45° = 0 \tag{a}$$

$$\sum F_y = 0, \quad F_T - F_{T1}\sin45° + F_{T2}\sin45° = 0 \tag{b}$$

由式（a）得出 $F_{T1} = F_{T2}$，代入式（b）得

$$F_T - F_{T1}\sin45° - F_{T2}\sin45° = 0$$

$$F_{T1} = F_{T2} = \frac{F_T}{2\sin45°} = \frac{10}{2 \times 0.707} = 7.07(\text{kN})$$

【例 2.4】　图 2.17 所示为塔式起重机。已知轨距 $b=4\text{m}$，机身重 $F_G = 220\text{kN}$，其作用线到右轨的距离 $e=1.5\text{m}$，起重机的平衡重 $F_Q = 100\text{kN}$，其作用线到左轨的距离 $a=6\text{m}$，荷载 F_P 的作用线到右轨的距离 $l=8\text{m}$，试问：（1）验证空载时（$F_P=0$ 时）起重机是否会向左倾倒？（2）求出起重机不向右倾倒的最大荷载 F_P。

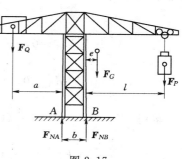

图 2.17

解： 以起重机为研究对象，作用于起重机上的力有主动力 F_G、F_P、F_Q 及约束反力 F_{NA} 和 F_{NB}，它们组成一个平行力系。

（1）使起重机不向左倒的条件是 $F_{NB} \geqslant 0$，当空载时，取 $F_P = 0$，列平衡方程

$$\sum M_A = 0, \quad F_Q a + F_{NB} b - F_G(e+b) = 0$$

$$F_{NB} = \frac{1}{b}[F_G(e+b) - F_Q a]$$

$$= \frac{1}{4}[220 \times (1.5+4) - 100 \times 6] = 152.5(\text{kN}) > 0$$

所以起重机不会向左倾倒。

（2）使起重机不向右倾倒的条件是 $F_{NA} \geqslant 0$，列平衡方程

$$\sum M_B = 0, \quad F_Q(a+b) - F_{NA}b - F_G e - F_P l = 0$$

$$F_{NA} = \frac{1}{b}[F_Q(a+b) - F_G e - F_P l]$$

欲使 $F_{NA} \geqslant 0$，则需

$$F_Q(a+b) - F_G e - F_P l \geqslant 0$$

$$F_P \leqslant \frac{1}{l}[F_Q(a+b) - F_G e]$$

$$= \frac{1}{8}[100 \times (6+4) - 200 \times 1.5] = 83.75(\text{kN})$$

即当荷载 $F_P \leqslant 83.75\text{kN}$ 时，起重机是稳定的。

【例 2.5】　外伸梁受荷载如图 2.18（a）所示，已知均布荷载集度 $q=20\text{kN/m}$，

力偶矩 $M = 38 \text{kN} \cdot \text{m}$，集中力 $F = 20 \text{kN}$，试求支座 A、B 的反力。

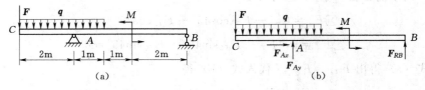

图 2.18

解： 取梁 BC 为研究对象，画其受力图如图 2.18（b）所示，选取坐标轴，建立三个平衡方程

$$\sum F_x = 0, \quad F_{Ax} = 0$$

$$\sum M_B = 0, \quad -4F_{Ay} + 6F + 3q \times \left(6 - \frac{3}{2}\right) + M = 0$$

$$\sum M_A = 0, \quad 4F_{RB} + M + 2F + 3q \times \left(2 - \frac{3}{2}\right) = 0$$

解得：$F_{Ax} = 0$，$F_{Ay} = \dfrac{1}{4}(6F + 3q \times 4.5 + 38) = 107 (\text{kN})$

$$F_{RB} = -\frac{1}{4}(M + 2F + 3q \times 0.5) = -27 (\text{kN})$$

F_{RB} 得负值，说明其实际方向与假设方向相反，即应指向下。

校核：$\sum F_y = F_{RB} + F_{Ay} - 3q = -27 + 107 - 20 - 3 \times 20 = 0$，说明计算无误。

【例 2.6】 求图 2.19（a）所示刚架的支座反力。

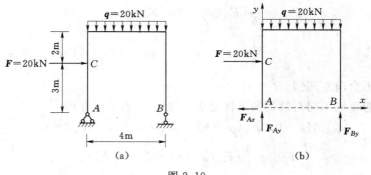

图 2.19

解： 取整体为研究对象，受力图如 2.19（b）所示，选取坐标轴 x 轴和 y 轴，建立三个平衡方程

$$\sum M_A = 0 \quad 4F_{RB} - 3F - 4q \times 2 = 0$$

$$\sum M_B = 0 \quad -4F_{Ay} - 3F + 4q \times 2 = 0$$

$$\sum M_C = 0 \quad -3F_{Ax} - 4q \times 2 + 4F_{RB} = 0$$

$$F_{By} = \frac{1}{4}(3F + 8q) = \frac{3 \times 20 + 8 \times 2}{4} = 19 (\text{kN})$$

$$F_{Ax} = \frac{4F_{RB} - 8q}{3} = \frac{4 \times 19 - 8 \times 2}{3} = 20(kN)$$

$$F_{Ay} = \frac{8q - 3F}{4} = \frac{8 \times 2 - 3 \times 20}{4} = -11(kN)$$

F_{Ay} 为负值，表示力的实际方向与假设方向相反。

校核：$\sum F_y = F_{Ay} + F_{RB} - 4q = -11 + 19 - 4 \times 2 = 0$，说明计算无误。

2.2.3.2 物体系统的支座反力计算

实际工程结构中既存在单个物体的平衡问题又存在物体系统的平衡问题。由若干个物体通过适当的连接方式（约束）组成的，统称为物体系统，简称物系。工程实际中的结构或机构，如多跨梁、三铰拱、组合构架、曲柄滑块机构等都可看作物体系统。

在研究物体系统的平衡问题时，必须注意以下几点：

（1）应根据问题的具体情况，恰当地选取研究对象，这是对问题求解过程的繁简起决定性作用的一步。

（2）必须综合考查整体与局部的平衡。当物体系统平衡时，组成该系统的任何一个局部系统或任何一个物体也必然处于平衡状态。不仅要研究整个系统的平衡，而且要研究系统内某个局部或单个物体的平衡。

（3）在画物体系统、局部、单个物体的受力图时，特别要注意施力体与受力体、作用力与反作用力的关系，由于力是物体之间相互的机械作用，因此对于受力图上的任何一个力，必须明确它是哪个物体所施加的，绝不能凭空臆造。

（4）在列平衡方程时，适当地选取矩心和投影轴，选择的原则是尽量做到一个平衡方程中只有一个未知量，以避免求解联立方程。

【例 2.7】 多跨静定梁由 AB 梁和 BC 梁用中间铰 B 连接而成，支撑和荷载情况如图 2.20（a）所示，已知 $P = 20kN$，$q = 5kN/m$，$\alpha = 45°$。求支座 A、C 的反力和中间铰 B 处的反力。

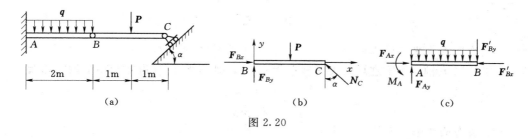

图 2.20

解：（1）以 BC 为研究对象，进行受力分析，如图 2.20（b）所示。

根据平衡条件列平衡方程

$$\sum M_B(F) = 0, \quad N_c \cos 45° \times 2 - P \times 1 = 0, \quad N_c = \frac{P}{2\cos 45°} = 14.14(kN)$$

$$\sum F_{xi} = 0, \quad -N_c \sin 45° + F_{Bx} = 0, \quad F_{Bx} = N_c \sin 45° = 10(kN)$$

$$\sum F_{yi} = 0, \quad F_{By} - P + N_c \cos 45° = 0, \quad F_{By} = P - N_c \cos 45° = 10(kN)$$

（2）取 AB 为研究对象，进行受力分析，如图 2.20（c）所示。

根据平衡条件列平衡方程：

$$\sum M_A(F)=0, \quad M_A-\frac{1}{2}q\times 2^2-F'_{By}\times 2=0$$

$$\sum F_{xi}=0, \quad F_{Ax}-F'_{Bx}=0$$

$$\sum F_{yi}=0, \quad F_{Ay}-2q-F'_{By}=0$$

解得：$M_A=30\text{kN}\cdot\text{m}$，$F_{Ax}=10\text{kN}$，$F_{Ay}=20\text{kN}$。

【例 2.8】　如图 2.21 所示，三铰拱由两个半拱和三个铰链 A、B、C 构成，已知每个半拱重 $P=300\text{kN}$，$l=32\text{m}$，$h=10\text{m}$。求支座 A、B 的约束反力。

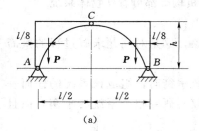 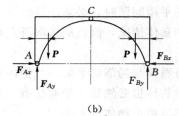 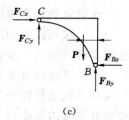

（a）　　　　　　　　　　（b）　　　　　　　　　（c）

图 2.21

解：以整体为研究对象，如图 2.21（b）所示，由对称性知：

$$F_{Ax}=F_{Bx}$$

$$F_{Ay}=F_{By}=P=300\text{kN}$$

以 BC 半拱为研究对象，如图 2.21（c）所示。

$$\sum M_C=0, \quad P\times\frac{3l}{8}+F_{Bx}\times h=F_{By}\times\frac{l}{2}$$

所以

$$F_{Bx}=F_{Ax}=120\text{kN}$$

小　　结

1. **力在直角坐标轴上的投影**

力 $\boldsymbol{F}$ 与 x 轴、y 轴之间的夹角分别为 a、b，则力 $\boldsymbol{F}$ 在直角坐标轴上的投影为

$$\left.\begin{array}{l}F_x=\pm F\cos\alpha\\F_y=\pm F\cos\beta\end{array}\right\}$$

2. **合力的投影**

应用合力投影定理可知合力的投影为

$$F_{Rx}=\sum F_{xi}, \quad F_{Ry}=\sum F_{yi}$$

3. **力矩**

力的大小与力臂的乘积称为力 $\boldsymbol{F}$ 对点 O 之矩（简称力矩），记作 $M_O(F)$。计算公式可写为

$$M_O(\boldsymbol{F})=\pm Fd$$

（1）力矩的性质：

1）力 F 对点 O 的矩，不仅取决于力的大小，同时与矩心的位置有关。矩心的位置不同，力矩随之不同。

2）当力的大小为零或力臂为零时，力矩为零。

3）力沿其作用线移动时，因为力的大小、方向和力臂均没有改变，所以力矩不变。

4）相互平衡的两个力对同一点的矩的代数和等于零。

（2）合力矩定理：

如果有 n 个平面汇交力作用于 A 点，则平面汇交力系的合力对平面内任一点之矩，等于力系中各分力对同一点力矩的代数和，称为合力矩定理。即

$$M_O(F_R) = M_O(F_1) + M_O(F_2) + \cdots + M_O(F_n) = \sum M_O(F)$$

4．力偶矩

力偶中用力的大小和力偶臂的乘积并冠以适当正负号（以示转向）来度量力偶对物体的转动效应，称为力偶矩，用 m 表示。即

$$m = \pm Fd$$

正负号规定：使物体逆时针方向转动时，力偶矩为正；反之为负。力偶矩的单位与力矩的单位相同，常用牛顿·米（N·m）。

力偶的基本性质：

性质 1　力偶没有合力，所以力偶不能用一个力来代替，也不能用一个力来平衡。

性质 2　力偶对其作用面内任一点之矩恒等于力偶矩，且与矩心位置无关。

性质 3　在同一平面内的两个力偶，如果它们的力偶矩大小相等、转向相同，则这两个力偶等效，称为力偶的等效条件。

从以上性质可以得到两个推论：

推论 1　力偶可在其作用面内任意转移，而不改变它对物体的转动效应，即力偶对物体的转动效应与它在作用面内的位置无关。

推论 2　在力偶矩大小不变的条件下，可以改变力偶中的力的大小和力偶臂的长短；而不改变它对物体的转动效应。

5．力的平移定理

作用在刚体上的一个力 F 可以平移到同一刚体上的任一点 O，但必须同时附加一个力偶，其力偶矩等于原力 F 对新作用点 O 的矩，称为力的平行移动定理，简称力的平移定理。

6．平面一般力系向作用面内任一点简化

平面一般力系向作用面内任一点简化的结果，是一个力（主矢）和一个力偶（主矩）。

其中主矢

$$F' = \sqrt{(F'_x)^2 + (F'_y)^2} = \sqrt{(\sum F_{xi})^2 + (\sum F_{yi})^2}$$

$$\tan\alpha = \frac{|F'_y|}{|F'_x|} = \frac{|\sum F_{yi}|}{|\sum F_{xi}|}$$

式中：α 为 $\boldsymbol{F}'$ 与 x 轴所夹的锐角；$\boldsymbol{F}'$ 的指向由 $\sum F_{xi}$ 和 $\sum F_{yi}$ 的正负号确定。

另外，平面力偶系可以合成为一个合力偶，其合力偶矩等于各分力偶矩的代数和，即

$$M_O = M_1 + M_2 + \cdots + M_n = \sum M_i$$

7. 平面一般力系的平衡条件和平衡方程

平面一般力系的平衡条件和平衡方程，平面一般力系平衡的充分必要条件为

$$\left.\begin{array}{l} \sum F_x = 0 \\ \sum F_y = 0 \\ \sum M_O = 0 \end{array}\right\}$$

上式说明，力系中各力在两个不平行的任意坐标轴上投影的代数和均等于零，所有各力对任一点的矩的代数和等于零，称为平面一般力系的平衡方程。

（1）二力矩形式的平衡方程。

$$\left.\begin{array}{l} \sum F_x = 0 \\ \sum M_A = 0 \\ \sum M_B = 0 \end{array}\right\}$$

式中：x 轴不与 A、B 两点的连线垂直。

（2）三力矩形式的平衡方程。

在力系作用面内任意取三个不在一条直线上的点 A、B、C，则

$$\left.\begin{array}{l} \sum M_A = 0 \\ \sum M_B = 0 \\ \sum M_C = 0 \end{array}\right\}$$

式中：A、B、C 三点不在同一直线。

8. 平面汇交力系的平衡方程

$$\left.\begin{array}{l} \sum F_x = 0 \\ \sum F_y = 0 \end{array}\right\}$$

9. 平面力偶系的平衡方程

$$\sum M = 0$$

习　题

2.1　求图中 $\boldsymbol{P}$ 对点 O 之矩。

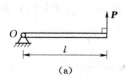
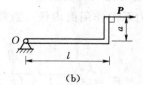

题 2.1 图

2.2 重力坝受力情形如图所示，设坝的自重分别为 $G_1=9600\text{kN}$，$G_2=21600\text{kN}$，上游水压力 $P=10120\text{kN}$，试将力系向坝底点 O 简化，并求其最后的简化结果。

2.3 杆 AC、BC 在 C 处铰接，另一端均与墙面铰接，如图所示，F_1 和 F_2 作用在销钉 C 上，$F_1=445\text{N}$，$F_2=535\text{N}$，不计杆重，试求两杆所受的力。

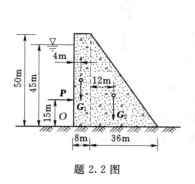

题 2.2 图   题 2.3 图

2.4 如图所示为利用绳索拔桩的简易方法。若施加力 $F=300\text{N}$，$\alpha=0.1$ 弧度，求拔桩力 F_{AD}。（提示：α 较小时，有 $\tan\alpha\approx\alpha$）

2.5 如图所示，行动式起重机不计平衡锤的重为 $W_1=500\text{kN}$，其重心在离右轨 1.5m 处。起重机的起重重量为 $W_2=250\text{kN}$，突臂伸出右轨长 10m。欲使跑车满载或空载时起重机不致翻倒，求平衡锤的最小重量 W_3 以及平衡锤离左轨的最大距离 x（跑车重量不计）。

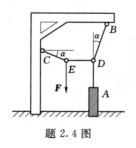
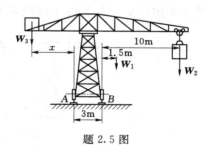

题 2.4 图   题 2.5 图

2.6 不计自重的水平梁，所受载荷和支撑情况如图所示，已知力 F、力偶矩 M 和集度为 q 的均布载荷，求支座 A 和 B 处的约束反力。

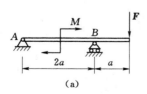
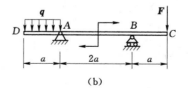

（a）   （b）

题 2.6 图

2.7 各个刚架的载荷和尺寸如图所示，试求各个刚架的支座反力。

2.8 如图所示，水平架由 AC、BC 组成，A 端为固定铰链约束，已知 $P=$

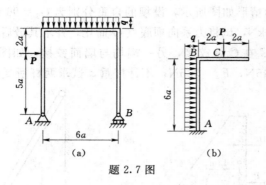

题 2.7 图

4kN，$M=6$kN・m。求 A、B 两处的约束反力。

2.9　组合梁受力情况如图所示，已知 $q=20$kN/m，$M=40$kN・m。试求支座 A、C 以及铰链 B 的反力。

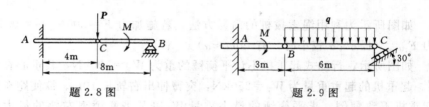

题 2.8 图　　　　　　　　　　题 2.9 图

2.10　在图示结构中，各构件的自重都不计，在构件 BC 上作用一力偶矩为 M 的力偶，各尺寸如图所示。求支座 A 的约束力。

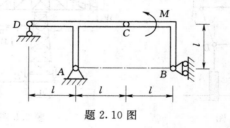

题 2.10 图

项目3　桁架结构中轴向变形杆件的承载力分析

知识目标

掌握桁架杆、三脚架和混凝土立柱等结构中拉（压）杆的轴力、应力、变形及其承载力计算。清晰地理解本学科所涉及的基本概念、理论和方法。

能力目标

掌握拉压杆的内力、应力、变形和胡克定律；掌握材料拉压时的主要力学性能及轴向拉（压）杆的强度条件和强度计算。

任务 3.1　轴向拉伸与压缩时横截面上的内力计算

3.1.1　学习任务导引

在建筑物和机械等工程结构中，经常使用受拉伸或压缩的构件。如图 3.1 所示，钢木组合桁架中的钢拉杆，以拉伸变形为主。如图 3.2 所示，厂房用的混凝土立柱以压缩变形为主。

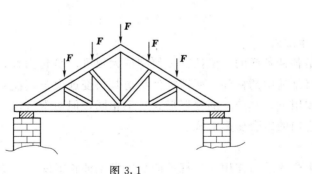
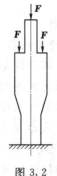

图 3.1　　　　　　　　　　　图 3.2

如图 3.3 所示，拔桩机在工作时，油缸顶起吊臂将桩从地下拔起，油缸杆受压缩变形，桩在拔起时受拉伸变形，钢丝绳受拉伸变形。如图 3.4 所示，桥墩承受桥面传来的载荷，以压缩变形为主。

如图 3.5 所示，液压传动中的活塞杆，工作时以拉伸和压缩变形为主。如图 3.6 所示，拧紧的螺栓，螺栓杆以拉伸变形为主。

在工程中以拉伸或压缩为主要变形的构件，称为拉压杆，若杆件所承受的外力或外力合力作用线与杆轴线重合，称为轴向拉伸或轴向压缩。

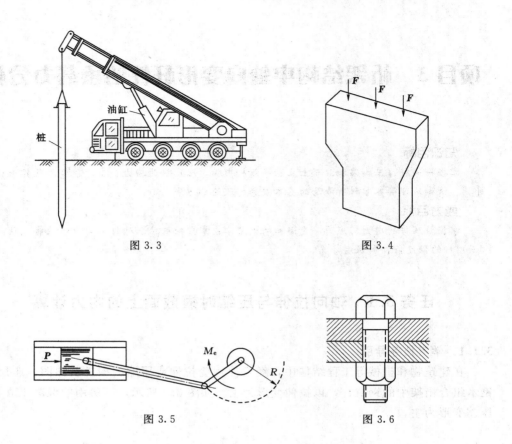

图 3.3　　　　　　　　　　　　　　图 3.4

图 3.5　　　　　　　　　　　　　　图 3.6

3.1.2　学习内容

3.1.2.1　杆件变形的基本形式

3.1 ▷
杆件的基本
变形

实际工程中的构件是各种各样的，但按其几何特征大致可以简化为杆、板、壳和块体等。本书所研究的只是其中的杆件。所谓杆件是指其长度远大于其横向尺寸的构件。杆件在不同的外力作用下，其产生的变形形式各不相同，但通常可以归结为以下四种基本变形形式以及它们的组合变形形式。

1. 轴向拉伸或压缩

杆件受到与杆轴线重合的外力作用时，杆件的长度发生伸长或缩短，这种变形形式称为轴向拉伸 ［图 3.7 （a）］ 或轴向压缩 ［图 3.7 （b）］。如简单桁架中的杆件通常发生轴向拉伸或压缩变形。

2. 剪切

在垂直于杆件轴线方向受到一对大小相等、方向相反、作用线相距很近的力作用时，杆件横截面将沿外力作用方向发生错动（或错动趋势），这种变形形式称为剪切，如图 3.7 （c）所示。机械中常用的连接件，如键、销钉、螺栓等都易产生剪切变形。

3. 扭转

在一对大小相等、转向相反、作用面垂直于直杆轴线的外力偶作用下，直杆的任

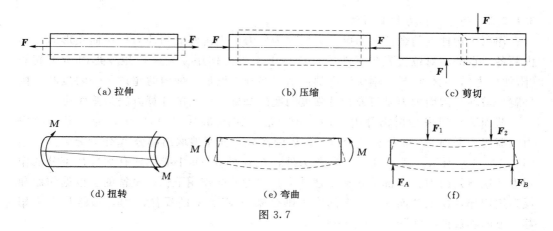

(a) 拉伸　　　　　　　　　(b) 压缩　　　　　　　　　(c) 剪切

(d) 扭转　　　　　　　　　(e) 弯曲　　　　　　　　　(f)

图 3.7

意两个横截面将发生绕杆件轴线的相对转动，这种变形形式称为扭转，如图 3.7（d）所示。工程中常将发生扭转变形的杆件称为轴。如汽车的传动轴、电动机的主轴等的主要变形，都包含扭转变形在内。

4. 弯曲

在垂直于杆件轴线的横向力，或在作用于包含杆轴的纵向平面内的一对大小相等、方向相反的力偶作用下，直杆的相邻横截面将绕垂直于杆轴线的轴发生相对转动，杆件轴线由直线变为曲线，这种变形形式称为弯曲，如图 3.7（e）所示。如桥式起重机大梁、列车轮轴、车刀等的变形，都属于弯曲变形。

凡是以弯曲为主要变形的杆件，称为梁。产生弯曲变形的梁除承受横向载荷外，还必须有支座来支撑它。常见的支座有三种基本形式：固定端、固定铰和活动铰支座，分别如图 3.8（a）、（b）、（c）所示。根据梁的支撑情况，一般把梁简化为三种基本形式：悬臂梁、简支梁和外伸梁，分别如图 3.9（a）、（b）、（c）所示。

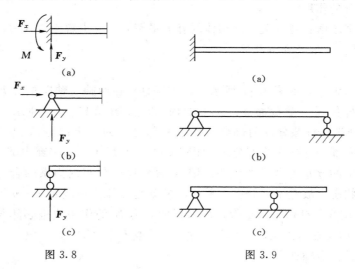

图 3.8　　　　　　　　　　图 3.9

其他更为复杂的变形形式可以看成是某几种基本变形的组合形式，称为组合变形。如传动轴的变形往往是扭转与弯曲的组合变形形式等。

3.1.2.2 外力、内力和截面法

作用于构件上的载荷和约束反力统称为外力。当构件受到外力作用而变形时，其内部各质点的相对位置发生了改变，这种由于外力作用使构件产生变形时所引起的"附加内力"，就是材料力学所研究的内力。当外力增加，使内力超过某一限度时，构件就会破坏，因而内力是研究构件强度问题的基础，内力的计算方法是截面法。

截面法是用来分析构件内力的一种方法。如图 3.10（a）所示，为了显示出内力，假想用截面 $m—n$ 把构件分成 A、B 两部分，任意地取出部分 A 作为分离体，如图 3.10（b）所示。对 A 部分，除外力外，在截面 $m—n$ 上必然还有来自 B 部分的作用力，这就是内力。A 部分是在上述外力和内力共同作用下保持平衡的。根据作用和反作用定律，B 的截面 $m—n$ 上的内力则是来自部分 A 的反作用力，必然是大小相等、方向相反的，如图 3.10（c）所示。

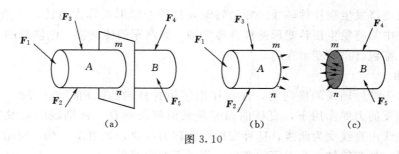

图 3.10

这种用假想的截面将构件截开为两部分，并取其中一部分为隔离体，建立静力平衡方程求截面上内力的方法称为截面法。截面法可按以下三步完成：

（1）截开：用假想的截面将构件在待求内力的截面处截开。

（2）代替：取被截开的构件的一部分为隔离体，用作用于截面上的内力替代另一部分对该部分的作用。

（3）平衡求解：建立关于隔离体的静力平衡方程，求解未知内力。

3.1.2.3 轴向拉压杆内力计算

1. 轴力

为了显示内力，如图 3.11 所示，设一等直杆在两端受轴向拉力 F 的作用下处于平衡，欲求杆件任一横截面 $m—n$ 上的内力，如图 3.11（a）所示。为此沿横截面 $m—n$ 假想地把杆件截分成两部分，任取一部分（如左半部分），如图 3.11（b）所示。弃去另一部分（如右半部分），如图 3.11（c）所示。并将弃去部分对留下部分的作用以截面上的分布内力系来代替，用 N 表示这一分布内力系的合力，由于整个杆件处于平衡状态，故左半部分也应平衡，N 就是杆件任一截面 $m—n$ 上的内力。因为外力 F 的作用线与杆件轴线重合，内力系的合力 N 的作用线也必然与杆件的轴线重合，所以 N 称为轴力。轴力的单位为牛（N）或千牛（kN）。

轴力的计算步骤如下：

第一步，用假想的截面将杆截为两部分。

第二步，取其中任意一部分为隔离体，将另一部分对隔离体的作用用内力 N 来

代替。

第三步，以轴向为 x 轴，建立静力平衡方程。

由 $\sum F_x = 0$ 得，$N - F = 0$，即 $N = F$。

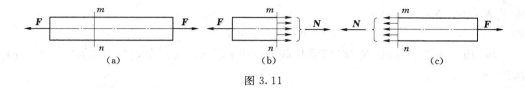

图 3.11

轴力可为拉力也可为压力，为了表示轴力的方向，区别两种变形，对轴力正负号规定如下：当轴力方向与截面的外法线方向一致时，杆件受拉力，轴力为正；反之，轴力为负。计算轴力时均按正向假设，若得负号则表明杆件受压力。

2. 轴力图

为了形象地表示轴力沿杆件轴线的变化情况，常取平行于杆轴线的坐标表示杆横截面的位置，垂直于杆轴线的坐标表示相应截面上轴力的大小，正的轴力（拉力）画在横轴上方，负的轴力（压力）画在横轴下方。这样绘出的轴力沿杆轴线变化的函数图像，称为轴力图。

3.1.3 学习任务解析——拉压杆的内力计算

轴力图的画法步骤如下：

（1）画一条与杆的轴线平行且与杆等长的直线作基线。

（2）将杆分段，凡集中力作用点处均应取作分段点。

（3）用截面法，通过平衡方程求出每段杆的轴力；画受力图时，截面轴力一定按正的规定来画。

（4）按大小比例和正负号，将各段杆的轴力画在基线两侧，并在图上标出数值和正负号。

【例 3.1】 试画出图 3.12（a）所示钢筋混凝土厂房中柱（不计柱自重）的轴力图，已知：$F = 40\text{kN}$。

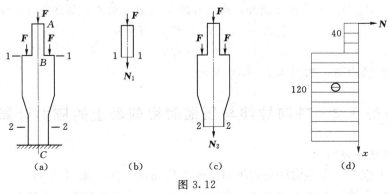

图 3.12

解：（1）计算柱各段的轴力。

51

　　因为该柱各部分尺寸和荷载均对称，合力作用线通过柱轴线，因此可看成是受多力作用的轴向受压构件。此柱可分为 AB 和 BC 两段。

　　AB 段：用1—1截面在 AB 段将柱截开，取上段为研究对象，受力图如图3.12（b）所示。

由 $\sum X = 0$，$N_1 + 40 = 0$

得
$$N_1 = -40\text{kN}$$

　　BC 段：用2—2截面在 BC 段将柱截开，取上段为研究对象，受力图如图3.12（c）所示。

由 $\sum X = 0$，$40 + 40 + 40 + N_2 = 0$

得
$$N_2 = -120\text{kN}$$

　　（2）作轴力图。平行柱轴线的 x 轴为截面位置坐标轴，N 轴垂直于 x 轴，得轴力图如图3.12（d）所示。

　　【例3.2】　如图3.13（a）所示的 AB 杆，在 A、C 两截面上受力，求此杆各段的轴力，并画出其轴力图。

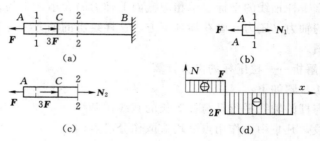

图3.13

　　解：（1）求各段杆的轴力。

　　AC 段：假想用1—1截面截开，取其左部分为研究对象，如图3.13（b）所示。
$$\sum X = 0，\quad N_1 - F = 0$$
$$N_1 = F$$

　　CB 段：假想用2—2截面截开，取其左部分为研究对象，如图3.13（c）所示。
$$\sum X = 0，\quad N_2 - F + 3F = 0$$
$$N_2 = -2F$$

　　（2）绘制轴力图，如图3.13（d）所示。

任务 3.2　轴向拉伸与压缩时横截面上的应力计算

3.2.1　学习任务导引

　　在实际工程中，许多构件受到轴向拉伸与压缩的作用。如图3.14（a）所示，液压机传动机构中的活塞杆在油压和工作阻力作用下，千斤顶的螺杆在顶起重物时，则承受压缩；如图3.14（b）所示，石砌桥墩的墩身在荷载 F 和自重的作用下，墩身底

3.3　
轴向拉压杆
应力计算

部横截面上承受压力达到最大值。在结构设计时需要对这些构件进行承载能力验算。为了分析这些构件的承载能力，首先需要计算受拉或受压构件横截面上的应力。

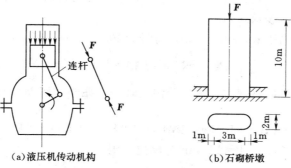

(a)液压机传动机构　　　　　(b)石砌桥墩

图 3.14

3.2.2　学习内容

3.2.2.1　应力的概念

用截面法可求出拉压杆横截面上分布内力的合力，它只表示截面上总的受力情况。单凭内力的合力的大小，还不能判断杆件是否会因强度不足而破坏。例如，两根材料相同、截面面积不同的杆，受同样大小的轴向拉力 F 作用，显然两根杆件横截面上的内力是相等的。随着外力的增加，截面面积小的杆件必然先断。这是因为轴力只是杆横截面上分布内力的合力，而要判断杆的强度问题，还必须知道内力在截面上分布的密集程度（简称内力集度）。

内力在一点处的集度称为应力。为了说明截面上某一点 K 处的应力，可绕 K 点取一微小面积 ΔA，作用在 ΔA 上的内力合力记为 ΔF ［图 3.15（a）］，则比值

$$p_{\mathrm{m}} = \frac{\Delta F}{\Delta A} \tag{3.1}$$

式中：p_{m} 为 ΔA 上的平均应力。

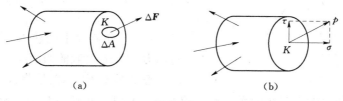

(a)　　　　　　　　　　　(b)

图 3.15

一般情况下，截面上各点处的内力虽然是连续分布的，但并不一定均匀。因此，平均应力的值将随 ΔA 的大小而变化，它还不能表明内力在 K 点处的真实强弱程度。只有当 ΔA 无限缩小并趋于零时，平均应力 p_{m} 的极限值 p 才能代表 K 点处的内力集度。

$$p = \lim_{\Delta A \to 0} \frac{\Delta F}{\Delta A} = \frac{\mathrm{d}F}{\mathrm{d}A} \tag{3.2}$$

式中：p 为 K 点处的应力。

应力 **p** 也称为 K 点的总应力。通常应力 **p** 与截面既不垂直也不相切,力学中总是将它分解为垂直于截面和相切于截面的两个分量 [图 3.15 (b)]。与截面垂直的应力分量称为正应力(或法向应力),用 **σ** 表示;与截面相切的应力分量称为剪应力(或切向应力),用 **τ** 表示。

应力的单位是帕斯卡,简称为帕,符号为 Pa。

$$1Pa = 1N/m^2(1\ 帕 = 1\ 牛/米^2)$$

工程实际中应力数值较大,常用千帕(kPa)、兆帕(MPa)及吉帕(GPa)作为单位。

$$1kPa = 10^3 Pa;\quad 1MPa = 10^6 Pa;\quad 1GPa = 10^9 Pa$$

工程图纸上,长度尺寸常以 mm 为单位,则

$$1MPa = 10^6 N/m^2 = 1N/mm^2$$

3.2.2.2　轴向拉(压)横截面上的应力

首先从观察杆件的变形入手。图 3.16 所示为一等截面直杆。变形前,在其侧面上画上垂直于轴线的直线 ab 和 cd。然后在杆的两端加一对轴向的拉力观察其变形。观察到横向线 ab 和 cd 仍为直线,且仍垂直于轴线,只是分别平移至 a'b' 和 c'd'。纵向线伸长且仍与杆轴线平行。根据这些变形特点,可得出如下假设:

(1)受轴向拉伸的杆件,变形后横截面仍保持为平面,两平面相对地位移了一段距离,这个假设称为平面假设。

(2)杆件可以看作是由许多纵向纤维组成的,在受拉后,所有的纵向纤维都有相同的伸长量,这就是单向受力假设。

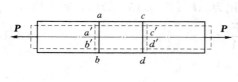

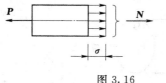

图 3.16

由上述假设可知,轴向拉压杆横截面上只有垂直于横截面方向的正应力,且该正应力在横截面上均匀分布,如图 3.16 所示。轴向拉压杆横截面上的正应力公式为

$$\sigma = \frac{N}{A} \qquad (3.3)$$

式中:σ 为横截面上的应力;N 为横截面上的轴力;A 为横截面的面积。

经试验证实,以上公式适用于轴向拉压,符合平面假设的横截面为任意形状的等截面直杆。正应力与轴力有相同的正、负号,即:拉应力为正,压应力为负。

实验和理论研究表明:轴向拉压杆件,在截面形状和尺寸发生突变处,例如油槽、肩轴、螺栓孔等处,会引起局部应力骤然增大的现象,称为应力集中。如图 3.17 (a) 所示,当拉伸具有小圆孔的杆件时,在离孔较远的截面 2—2 上,应力是均匀分布的,如图 3.17 (b) 所示;而在通过小孔的截面 1—1(面积最小的截面)上,靠近孔边的小范围内,应力则很大,孔边达到最大值 σ_{max},约等于 $3\sigma_n$,离孔边稍远处,应力又迅速减少趋于均匀分布。图 3.17 (c) 所示为截面 1—1 的整个应力分布情

况。应力集中的程度用最大局部应力与该截面上的名义应力 σ_n（不考虑应力集中条件下截面上的平均应力）的比值表示，即

$$K_t = \frac{\sigma_{\max}}{\sigma_n} \tag{3.4}$$

式中：K_t 为应力集中因数。

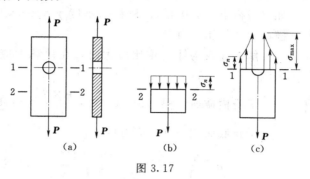

图 3.17

3.2.3 学习任务解析——拉压杆的应力计算

【例 3.3】 一阶梯形直杆受力如图 3.18（a）所示，已知横截面面积分别为 $A_1 = 400\text{mm}^2$，$A_2 = 300\text{mm}^2$，$A_3 = 200\text{mm}^2$，试求各横截面上的应力。

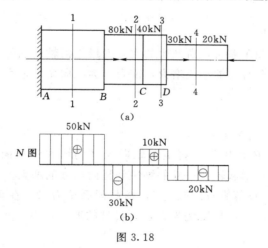

图 3.18

解：（1）计算轴力，画轴力图。

利用截面法可求得阶梯杆各段的轴力为 $N_1 = 50\text{kN}$，$N_2 = -30\text{kN}$，$N_3 = 10\text{kN}$，$N_4 = -20\text{kN}$。轴力图如图 3.18（b）所示。

（2）计算机各段的正应力。

AB 段：

$$\sigma_{AB} = \frac{N_1}{A_1} = \frac{50 \times 10^3}{400} = 125(\text{MPa}) \qquad （拉应力）$$

BC 段：

$$\sigma_{BC} = \frac{N_2}{A_2} = \frac{-30 \times 10^3}{300} = -100(\text{MPa}) \qquad （压应力）$$

55

CD 段：$\quad\quad\sigma_{CD} = \dfrac{N_3}{A_2} = \dfrac{10 \times 10^3}{300} = 33.3(\text{MPa})\quad\quad$（拉应力）

DE 段：$\quad\quad\sigma_{DE} = \dfrac{N_4}{A_3} = \dfrac{-20 \times 10^3}{200} = -100(\text{MPa})\quad\quad$（压应力）

【例 3.4】 如图 3.19 所示石砌桥墩的墩身高 $h = 10\text{m}$，其横截面尺寸如图所示。如果载荷 $F = 1000\text{kN}$，材料的重度 $\gamma = 23\text{kN/m}^3$，求墩身底部横截面上的压应力。

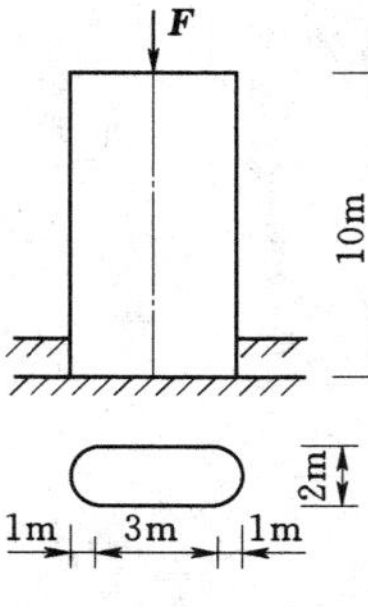

解： 建筑构件自重比较大时，在计算中应考虑其对应力的影响。

墩身横截面面积：$A = 3 \times 2 + \dfrac{\pi \times 2^2}{4} = 9.14(\text{m}^2)$

墩身底面应力（压应力）：

$$\sigma = \frac{F}{A} + \frac{\gamma A h}{A} = \frac{1000 \times 10^3}{9.14} + 10 \times 23 \times 10^3$$

$$= 34 \times 10^4 \text{Pa} = 0.34(\text{MPa})$$

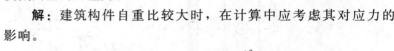

图 3.19

任务 3.3　轴向拉压杆的变形计算

3.3.1　学习任务导引

杆件在轴向拉伸和压缩时，所产生的主要变形是沿轴向的伸长或缩短；但与此同时，杆的横向尺寸还会有所缩小或增大，前者称为纵向变形，后者称为横向变形（图 3.20）。

3.3.2　学习内容

3.3.2.1　纵向变形和胡克定律

3.4

轴向拉压杆
变形计算

直杆在轴向拉力 P 作用下，将引起轴向尺寸的增大和横向尺寸的缩小；反之，在轴向压力作用下，将引起轴向尺寸的缩短和横向尺寸的增大。

如图 3.20 所示，设等直杆原长为 l，横截面面积为 A。在轴向力 P 作用下发生轴向拉伸或压缩。变形后，长度变为 l_1，则杆件的伸长量为

$$\Delta l = l_1 - l \tag{3.5}$$

实验表明：当拉力不超过某一限度时，杆件的变形是弹性的，即外力除去后，变形消失，杆件恢复原形。其变形量的数学关系为

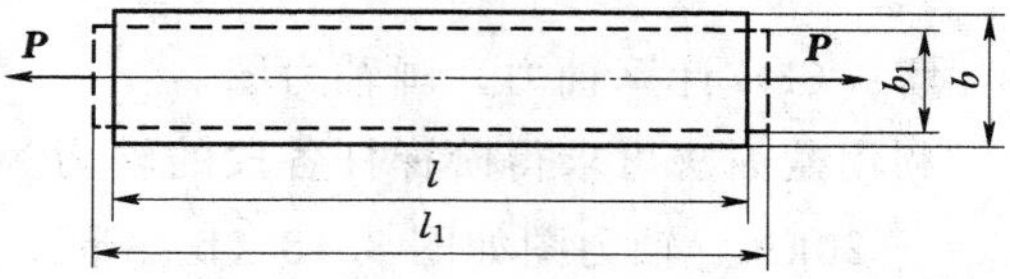

$$\Delta l \propto \frac{Pl}{A} \tag{3.6}$$

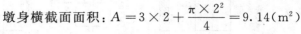

图 3.20

如果引进一个比例系数 E，则

$$\Delta l = \frac{Pl}{EA} \tag{3.7}$$

或者为
$$\Delta l = \frac{Nl}{EA} \qquad (3.8)$$

式中：N 为杆件的轴向力；E 为材料的弹性模量；其常用单位为 GPa（$1\mathrm{GPa}=10^9\,\mathrm{Pa}$），各种材料的弹性模量在设计手册中均可以查到。$EA$ 为材料的抗拉、压刚度。

式（3.8）称为轴向拉、压时纵向变形的胡克定律。

在 E、A、N 相同的情况下，杆件的长度 l 越大，其绝对伸长量的值也越大，因此绝对伸长量不能说明杆件的变形程度。需要运用相对伸长的概念

$$\varepsilon = \frac{\Delta l}{l} \qquad (3.9)$$

式中：ε 为纵向线应变，是一个无量纲的量，伸长时以正号表示，缩短时以负号表示。

如果将式（3.9）改写为

$$\Delta l = \frac{l}{E} \cdot \frac{N}{A}$$

则可以得到胡克定律的另一种形式：

$$\varepsilon = \frac{\sigma}{E} \qquad (3.10)$$

此式表明，当正应力不超过某一限度时，正应力与线应变成正比。

3.3.2.2　横向变形、泊松比

设拉杆原有宽度为 b、厚度为 a，受拉后分别为 b_1、a_1，则拉杆的尺寸变形为 $\Delta b = b_1 - b$、$\Delta a = a_1 - a$，且二横向相对变形相等，同为

$$\varepsilon' = \frac{\Delta b}{b} = \frac{\Delta a}{a} \qquad (3.11)$$

大量的实验表明，对于同一种材料，在弹性范围内，其横向线应变与纵向线应变的绝对值之比为一常数，即

$$\left| \frac{\varepsilon'}{\varepsilon} \right| = \nu \qquad (3.12)$$

式中：比值 ν 为横向变形系数或泊松比，它是一个随材料而异的常数，是一个无量纲的量。

利用这一关系，可得

$$\varepsilon' = -\nu\varepsilon \qquad (3.13)$$

式中的负号表示纵、横线应变总是相反的。上式还可以表示为

$$\varepsilon' = -\nu\frac{\sigma}{E} \qquad (3.14)$$

表 3.1 所示为常用材料的 E、ν 值。

表 3.1 常用材料的 E、ν 值

材料名称	牌号	E/GPa	ν
低碳钢	Q235	200～210	0.24～0.28
中碳钢	45	205	0.24～0.28
低合金钢	16Mn	200	0.25～0.30
合金钢	40CrNiMoA	210	0.25～0.30
灰口铸铁		60～162	0.23～0.27
球墨铸铁		150～180	
铝合金	LY12	71	0.33
硬铝合金		380	
混凝土		15.2～36	0.16～0.18
木材（顺纹）		9.8～11.8	0.0539
木材（横纹）		0.49～0.98	

3.3.3 学习任务解析——拉压杆的位移计算

位移是指物体上的一些点、线或面在空间位置上的改变。变形和位移是两个不同的概念，但它们在数值上有密切的联系。位移在数值上取决于杆件的变形量和杆件受到的外部约束或杆件之间的相互约束。结构节点的位移是指节点位置改变的直线距离或一段方向改变的角度。计算时必须计算节点所连各杆的变形量，然后根据变形相容条件作出位移图，即结构的变形图，再由位移图的几何关系计算出位移值。

【例 3.5】 图 3.21（a）所示为阶梯形钢杆。所受荷载 $F_1 = 30\text{kN}$，$F_2 = 10\text{kN}$。AC 段的横截面面积 $A_{AC} = 500\text{mm}^2$，CD 段的横截面面积 $A_{CD} = 200\text{mm}^2$，弹性模量 $E = 200\text{GPa}$。试求：

（1）各段杆横截面上的内力和应力；（2）杆件内最大正应力；（3）杆件的总变形。

解：（1）计算支反力。

以杆件为研究对象，受力图如图 3.21（b）所示。由平衡方程

$$\sum F_x = 0, \quad F_2 - F_1 - F_{RA} = 0$$

$$F_{RA} = F_2 - F_1 = 10 - 30 = -20(\text{kN})$$

（2）计算各段杆件横截面上的轴力。

AB 段： $N_{AB} = F_{RA} = -20\text{kN}$ （压力）

BD 段： $N_{BD} = F_2 = 10\text{kN}$ （拉力）

（3）画出轴力图，如图 3.21（c）所示。

（4）计算各段应力。

AB 段：

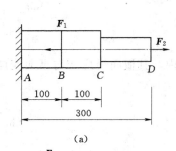

（a）

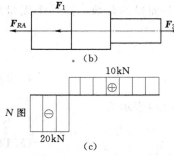

图 3.21

$$\sigma_{AB} = \frac{N_{AB}}{A_{AC}} = \frac{-20 \times 10^3}{500} = -40 \text{(MPa)}（压应力）$$

BC 段：

$$\sigma_{BC} = \frac{N_{BD}}{A_{AC}} = \frac{10 \times 10^3}{500} = 20 \text{(MPa)}（拉应力）$$

CD 段：

$$\sigma_{CD} = \frac{N_{BD}}{A_{CD}} = \frac{10 \times 10^3}{200} = 50 \text{(MPa)}（拉应力）$$

（5）计算杆件内最大应力。

最大正应力发生在 CD 段，其值为

$$\sigma_{max} = \frac{10 \times 10^3}{200} = 50 \text{(MPa)}$$

（6）计算杆件的总变形。

由于杆件各段的面积和轴力不一样，应分段计算变形，再求代数和。

$$\Delta l = \Delta l_{AB} + \Delta l_{BC} + \Delta L_{CD} = \frac{N_{AB} l_{AB}}{EA_{AC}} + \frac{N_{BD} l_{BC}}{EA_{AC}} + \frac{N_{BD} l_{CD}}{EA_{CD}}$$

$$= \frac{1}{200 \times 10^3} \times \left(\frac{-20 \times 10^3 \times 100}{500} + \frac{10 \times 10^3 \times 100}{500} + \frac{10 \times 10^3 \times 100}{200} \right)$$

$$= 0.015 \text{ (mm)}$$

整个杆件伸长 0.015mm。

【例 3.6】 如图 3.22 所示，已知 $F = 40$kN，圆截面钢杆 AB 的直径 $d = 20$mm，杆 BC 是工字钢，其横截面面积为 1430mm^2，钢材的弹性模量 $E = 200$GPa。求托架在力 F 作用下节点 B 的铅垂位移和水平位移。

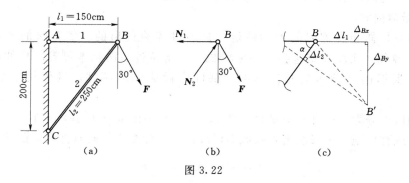

图 3.22

解：（1）取节点 B 为研究对象，求两杆轴力。

$$\Sigma F_x = 0, \quad -N_1 + N_2 \times \frac{3}{5} + F\sin 30° = 0$$

$$\Sigma F_y = 0, \quad N_2 \times \frac{4}{5} - F\cos 30° = 0$$

$$N_2 = 40 \times \cos 30° \times \frac{5}{4} = 43.3 \text{(kN)}$$

$$N_1 = N_2 \times \frac{3}{5} + F\sin 30° = 43.3 \times \frac{3}{5} + 40 \times \frac{1}{2} = 46(\text{kN})$$

（2）求 AB、BC 杆变形

$$\Delta l_1 = \frac{N_1 l_1}{EA_1} = \frac{46 \times 10^3 \times 150 \times 10}{200 \times 10^9 \times \frac{\pi}{4} \times 20^2} = 1.1(\text{mm})$$

$$\Delta l_2 = \frac{N_2 l_2}{EA_2} = \frac{43.3 \times 10^3 \times 250}{200 \times 10^9 \times 1430} = 0.38(\text{mm})$$

（3）求 B 点位移，作变形图，利用几何关系求解 ［图 3.22（c）］。

以点 A 为圆心，（$l_1 + \Delta l_1$）为半径作圆，再以 C 点为圆心，（$l_2 + \Delta l_2$）为半径作圆，两圆弧线交于 B'' 点。因为 Δl_1 和 Δl_2 与原杆相比非常小，属于小变形，可以采用切线代圆弧的近似方法，两切线相交于 B' 点，利用三角关系求出 B 点的水平位移和铅垂位移。

水平位移 $\Delta_{Bx} = \Delta l_1 = 1.1\text{mm}$

铅垂位移 $\Delta_{By} = \left(\dfrac{\Delta l_2}{\cos\alpha} + \Delta l_1\right)\cot\alpha = \left(0.38 \times \dfrac{5}{3} + 1.1\right) \times \dfrac{3}{4} = 1.3(\text{mm})$

总位移 $\Delta_B = \sqrt{\Delta_{Bx}^2 + \Delta_{By}^2} = \sqrt{(1.1)^2 + (1.3)^2} = 1.7(\text{mm})$

任务 3.4　材料在拉伸与压缩时的力学性能

3.1 ▶

材料在拉伸和压缩时的力学性能（1）

3.4.1　学习任务导引

材料的力学性能：材料在拉伸、压缩时所体现出的应力、应变、强度和变形等方面的性质，是构件强度计算及材料选用的重要依据。

3.4.2　学习内容

材料在拉伸和压缩时的力学性能，是通过实验得出的。实验时的条件：常温（室温）、静载。实验器材包括万能实验机、标准试件、游标卡尺等。拉伸时的标准试件为：根据国家颁布的测试标准，试件应做成标准试件，具体规定如图 3.23 所示。

拉伸试件分为长试件和短试件。图 3.23（a）中的 d 为试件的直径；l 为试件的工作段，或称标距。一般规定，圆截面标准试件的标距 l 与截面直径 d 的比例为

$$l = 10d \quad 或 \quad l = 5d \tag{3.15}$$

矩形截面标准试件的标距 l 与截面面积 A 的比例为

$$l = 11.3\sqrt{A} \quad 或 \quad l = 5.63\sqrt{A} \tag{3.16}$$

压缩时的标准试件如图 3.23（b）所示，金属材料为：$l = 1.5d \sim 3d$；非金属材料通常做成正方体。

3.4.2.1　低碳钢在拉伸时的力学性能

低碳钢是工程上广泛使用的材料，是含碳量不大于 0.25% 的碳素钢，它在拉伸

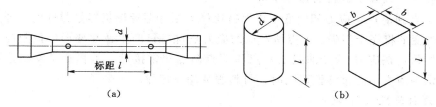

图 3.23

实验中表现出来的力学性质最为典型。低碳钢的拉伸实验在万能实验机上进行。实验时将试件装在夹头中，然后开动机器加载。试件受到由零逐渐增加的拉力 F 作用，同时发生伸长变形，加载一直进行到试件断裂时为止。拉力 F 的数值可从实验机的示力盘上读出，从开始加载直到试件被拉断的过程中，可得到拉力 F 和变形 Δl 的一系列数值。根据拉力 F 和变形 Δl 的数值即可绘制出拉伸图，如图 3.24（a）所示。

为了消除试件尺寸的影响，了解材料本身的力学性能，通常将拉伸图的纵坐标 F 除以试件的截面面积 A，即纵坐标为应力 $\sigma = F/A$；将横坐标 Δl 除以试件原标距 l，即横坐标为试件纵向线应变 $\varepsilon = \Delta l/l$，可得到试件的 $\sigma\text{-}\varepsilon$ 曲线，如图 3.24（b）所示。

低碳钢在拉伸时，通常根据测试过程中所体现出的不同性质分成四个阶段：弹性阶段、屈服阶段、强化阶段和颈缩阶段。以下针对四个阶段所体现出的应力及变形特性分别加以介绍。

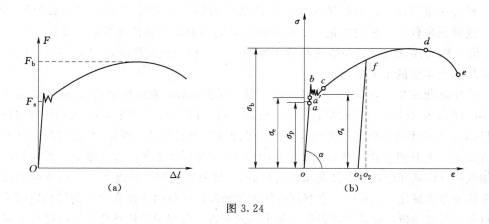

图 3.24

1. 弹性阶段（oa' 段）

oa 段为直线段，a 点对应的应力称为比例极限，用 σ_p 表示。此阶段内，正应力和正应变成线性正比关系，即遵循胡克定律。设直线的斜角为 α，则可得弹性模量 E 和 α 的关系为

$$\tan\alpha = \frac{\sigma}{\varepsilon} = E \tag{3.17}$$

61

由此，可以确定材料的弹性模量。

从 a 点到 a' 点，应力和应变不再保持比例关系，但变形仍然是弹性的，即加载到 a' 点卸载变形将完全消失。a' 点所对应的应力是材料只产生弹性变形的极限应力，对大多数材料，在应力-应变曲线上 a 点和 a' 点两点非常接近，工程上常忽略这两点差别，即认为应力不超过弹性极限时，材料服从胡克定律。

2. 屈服阶段 （bc 段）

当应力超过弹性极限后，图 3.24 上出现接近水平的小锯齿形波段，说明此时应力虽有小的波动，但基本保持不变，而应变却迅速增加，即材料暂时失去了抵抗变形的能力。这种应力变化不大而变形显著增加的现象称为材料的屈服或流动。bc 段称为屈服阶段，最低应力称为屈服点，屈服点对应的应力值 σ_s 称为屈服极限。这时如果卸去载荷，试件的变形就不能完全恢复，而残留下一部分变形，即塑性变形（也称永久变形或残余变形）。

材料屈服时，在光滑试样表面可以观察到与轴线成 45° 的纹线，称为滑移线，如图 3.25 （a） 所示，它是屈服时晶格发生相对错动的结果。

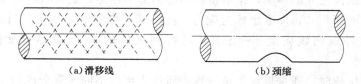

(a)滑移线　　　　　　　　　　(b)颈缩

图 3.25

3. 强化阶段 （cd 段）

经过屈服阶段后，材料又恢复了抵抗变形的能力，要使它继续变形必须增加拉力。这种现象称为材料的强化。在此阶段中，变形的增加远比弹性阶段要快，这阶段（cd 段）称为强化阶段。曲线最高点 d 处的应力，称为强度极限，用 σ_b 表示，代表材料破坏前能承受的最大应力。

冷作硬化现象，在强化阶段某一点 f 处，缓慢卸载，则试样的应力-应变曲线会沿着 fo_1 回到 o_1 点，从图上观察直线 fo_1 近似平行于直线 oa。图中 o_1o_2 表示恢复的弹性变形，oo_1 表示不可以恢复的塑性变形。如果卸载后重新加载，则应力-应变曲线基本上沿着 o_1f 线上升到 f 点，然后仍按原来的应力-应变曲线变化，直至断裂。低碳钢经过预加载后（即从开始加载到强化阶段再卸载），使材料的弹性强度提高，而塑性降低的现象称为冷作硬化。工程中，常利用冷作硬化来提高材料的弹性强度，例如制造螺栓的棒材要先经过冷拔，建筑用的钢筋、起重用的钢索，常利用冷作硬化来提高材料的弹性强度。材料经过冷作硬化后塑性降低，可以通过退火处理，以消除这一现象。

4. 颈缩阶段 （de 段）

当应力增大到 σ_b 以后，即过 d 点后，试样变形集中到某一局部区域，由于该区域横截面的收缩，形成了如图 3.25 （b） 所示的"颈缩"现象。因局部横截面的收缩，试样再继续变形，所需的拉力逐渐减小，曲线自 d 点下降，最后在"颈缩"处被拉断。

在工程中，代表材料强度性能的主要指标是屈服极限 σ_s 和强度极限 σ_b。

在拉伸试验中，可以测得表示材料塑性变形能力的两个指标：伸长率和断面收缩率。

（1）伸长率：

$$\delta = \frac{l_1 - l}{l} \times 100\%$$ （3.18）

式中：l 为实验前，在试样上确定的标距（一般是 $5d$ 或 $10d$）；l_1 为试样断裂后，标距变化后的长度。

低碳钢的伸长率约为 $26\% \sim 30\%$，工程上常以伸长率将材料分为两大类：$\delta \geqslant 5\%$ 的材料称为塑性材料，如钢、铜、铝、化纤等材料；$\delta < 5\%$ 的材料称为脆性材料，如灰铸铁、玻璃、陶瓷、混凝土等材料。

（2）断面收缩率：

$$\psi = \frac{A - A_1}{A} \times 100\%$$ （3.19）

式中：A 为实验前试样的横截面面积；A_1 为断裂后断口处的横截面面积。

低碳钢的断面收缩率约为 $50\% \sim 60\%$。

3.4.2.2　其他塑性材料

其他金属材料的拉伸实验和低碳钢拉伸实验方法相同，但材料所显示出来的力学性能有很大差异。图 3.26 所示为锰钢、硬铝、退火球墨铸铁和 45 钢的应力-应变图。这些材料都是塑性材料，但前三种材料没有明显的屈服阶段。对于没有明显屈服阶段的塑性材料，通常规定以产生 0.2% 塑性应变时所对应的应力值作为材料的名义屈服极限，以 $\sigma_{0.2}$ 表示，如图 3.27 所示。

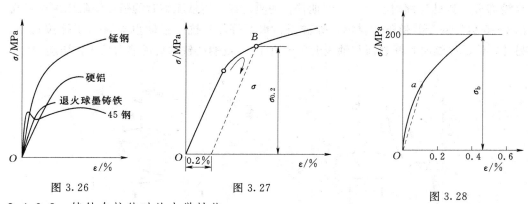

图 3.26　　　　　　　　　图 3.27

图 3.28

3.4.2.3　铸铁在拉伸时的力学性能

图 3.28 所示为铸铁在拉伸时的应力-应变图。由图可见 σ-ε 曲线没有明显的直线部分，既无屈服阶段，也无缩颈阶段；断裂时应力很小，断口垂直于试件轴线，是典型的脆性材料。

因铸铁构件在实际使用的应力范围内，其 σ-ε 曲线的曲率很小，实际计算时常近似地以直线（图 3.28 中的虚线）代替，认为近似地符合胡克定律，强度极限 σ_b 是衡量脆性材料拉伸时的唯一指标。工程上常将原点 O 与 $\frac{\sigma_b}{4}$ 处 a 点连成割线，以割线的斜率估算铸铁的弹性模量 E。

3.4.2.4 低碳钢和铸铁在压缩时的力学性能

1. 压缩实验

（1）试样。

金属材料的压缩试件一般做成短圆柱体，其高度为直径的 1～3 倍，即 $h = 1d \sim 3d$，以免实验时试件被压弯。非金属材料（如水泥、混凝土等）的试样常采用立方体形状。

（2）实验要求。

压缩实验和拉伸实验一样在常温和静载条件下进行。

2. 材料应力-应变曲线与强度指标

图 3.29 所示为低碳钢压缩时的 σ-ε 曲线，其中虚线是拉伸时的 σ-ε 曲线。可以看出，在弹性阶段和屈服阶段，两条曲线基本重合。这表明，低碳钢在压缩时的比例极限 σ_p、弹性极限 σ_e、弹性模量 E 和屈服极限 σ_s 等，都与拉伸时基本相同。进入强化阶段后，试件越压越扁，试件的横截面面积显著增大。由于两端面上的摩擦，试件变成鼓形，然而在计算应力时，仍用试件初始的横截面面积，结果使压缩时的名义应力大于拉伸时的名义应力，两曲线逐渐分离，压缩曲线上升。由于试件压缩时不会产生断裂，故测不出材料的抗压强度极限，所以一般不做低碳钢的压缩实验，而是从拉伸实验得到压缩时的主要力学性能。

脆性材料拉伸和压缩时的力学性能显著不同，铸铁压缩时的 σ-ε 曲线如图 3.30 所示，图中虚线为拉伸时的 σ-ε 曲线。可以看出，铸铁压缩时的 σ-ε 曲线，也没有直线部分，因此压缩时也只是近似地符合胡克定律。铸铁压缩时的强度极限比拉伸时高出 4～5 倍。对于其他脆性材料，如硅石、水泥等，其抗压强度也显著高于抗拉强度。另外，铸铁压缩时，断裂面与轴线夹角约为 45°，说明铸铁的抗剪能力低于抗压能力。

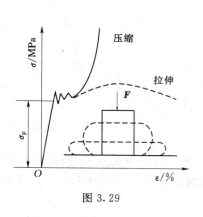

图 3.29

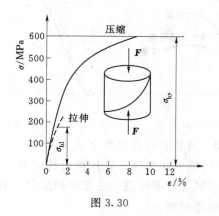

图 3.30

建筑专业用的混凝土，压缩时的应力-应变图如图 3.31 所示。从曲线上可以看出，混凝土的抗压强度要比抗拉强度大 10 倍左右。混凝土试样压缩破坏形式与两端面所受摩擦阻力的大小有关。如图 3.32（a）所示，混凝土试样两端面加润滑剂后，压坏时沿纵向开裂。如图 3.32（b）所示，试样两端面不加润滑剂，压坏时是靠中间剥落而形成两个锥截面。

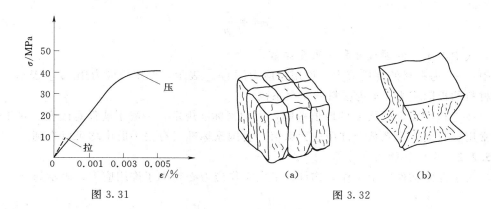

图 3.31   图 3.32

任务 3.5 轴向拉伸和压缩时的强度计算

3.5.1 学习任务导引

轴向拉伸与压缩变形是工程中常见的一种最基本的变形形式。图 3.33 所示悬臂吊车的杆件及图 3.34 所示桥梁结构中的拉索都属于这种变形的构件。为了满足工程结构的承载能力，在结构设计过程中，需要对这类构件进行强度计算。

3.5 ▷
轴向拉压杆
强度计算

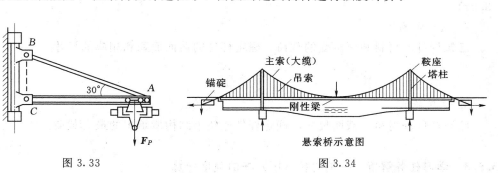

图 3.33   图 3.34

3.5.2 学习内容

3.5.2.1 许用应力及安全系数

在力学性能实验中，我们测得了两个重要的强度指标：屈服极限 σ_s 和强度极限 σ_b。对于塑性材料，当应力达到屈服极限时，构件已发生明显的塑性变形，影响其正常工作，称之为失效，因此把屈服极限作为塑性材料的极限应力。对于脆性材料，直到断裂也无明显的塑性变形，断裂是失效的唯一标志，因而把强度极限作为脆性材料的极限应力。

为了保障构件在工作中有足够的强度，构件在载荷作用下的工作应力必须低于极限应力。为了确保安全，构件还应有一定的安全储备。在强度计算中，把极限应力 σ_u 除以一个大于 1 的因数，得到的应力值称为许用应力，用 $[\sigma]$ 表示，即

$$[\sigma] = \frac{\sigma_u}{n} \tag{3.20}$$

式中大于 1 的因数 n 称为安全系数。

式中：$[\sigma]$ 为材料的许用应力，许用拉应力用 $[\sigma_t]$ 表示，许用压应力用 $[\sigma_c]$ 表示；σ_u 为材料的极限应力；n 为材料的安全系数。

在工程中安全因数 n 的取值范围，由国家标准规定，一般不能任意改变。对于一般常用材料的安全系数及许用应力数值，在国家标准或有关手册中均可以查到。

3.2

轴向拉压杆
的强度条件

3.5.2.2 拉压杆的强度计算

为了保障构件安全工作，构件内最大工作应力必须小于许用应力，表示为

$$\sigma_{max} = \left(\frac{N}{A}\right)_{max} \leqslant [\sigma] \tag{3.21}$$

式（3.21）称为拉压杆的强度条件。对于等截面拉压杆，其表示为

$$\sigma_{max} = \frac{N_{max}}{A} \leqslant [\sigma] \tag{3.22}$$

利用强度条件，可以解决以下三类强度问题：

1. 强度校核

已知杆件的材料、截面尺寸和所承受的荷载，校核杆件是否满足强度条件式 (3.22)。

2. 选择截面

已知杆件的材料和所承受的载荷，确定杆件的截面面积和相应的尺寸。

$$A \geqslant \frac{N}{[\sigma]} \tag{3.23}$$

3. 许用荷载

已知杆件的材料和截面尺寸，确定杆件或整个结构所承担的最大载荷。

$$N \leqslant A[\sigma] \tag{3.24}$$

3.5.3 学习任务解析——轴向拉（压）杆的强度计算

【例 3.7】 起重吊钩的上端借螺母固定，如图 3.35 所示，若吊钩螺栓内径 $d = 55mm$，$F = 170kN$，材料许用应力 $[\sigma] = 160MPa$。试校核螺栓部分的强度。

解：计算螺栓内径处的面积

$$A = \frac{\pi d^2}{4} = \frac{\pi \times (55 \times 10^{-3})^2}{4} = 2375 (mm^2)$$

$$\sigma = \frac{F}{A} = \frac{170 \times 10^3}{2375} = 71.6 (MPa) < [\sigma] = 160MPa$$

吊钩螺栓部分安全。

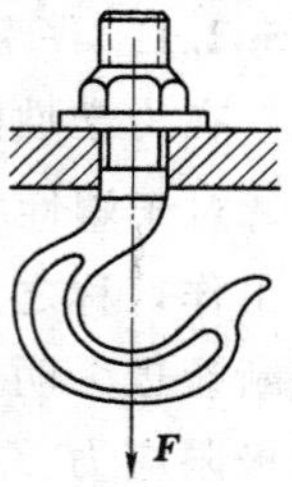

【例 3.8】 如图 3.36（a）所示桁架，杆 1 与杆 2 的横截面均为

图 3.35

圆形，直径分别为 $d_1 = 30\text{mm}$ 与 $d_2 = 20\text{mm}$，两杆材料相同，许用应力 $[\sigma] = 160\text{MPa}$。该桁架在节点 A 处承受铅直方向的载荷 $F = 80\text{kN}$ 作用，试校核桁架的强度。

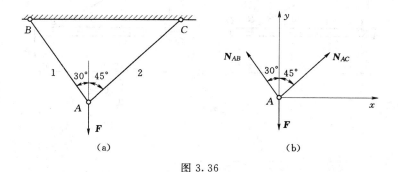

图 3.36

解：（1）取节点 A 为研究对象，受力图如图 3.36（b）所示。

（2）列平衡方程，求出 AB 和 AC 两杆所受的力：

$$\sum F_x = 0, \quad -N_{AB}\sin 30° + N_{AC}\sin 45° = 0$$

$$\sum F_y = 0, \quad N_{AB}\cos 30° + N_{AC}\cos 45° - F = 0$$

解得：

$$N_{AC} = \frac{\sqrt{2}}{\sqrt{3}+1}F = 41.4(\text{kN}), \quad N_{AB} = \frac{2}{\sqrt{3}+1}F = 58.6(\text{kN})$$

（3）分别对两杆进行强度计算：

$$\sigma_{AB} = \frac{N_{AB}}{A_1} = 82.9(\text{MPa}) < [\sigma]$$

$$\sigma_{AC} = \frac{N_{AC}}{A_2} = 131.8(\text{MPa}) < [\sigma]$$

所以桁架的强度足够。

【例 3.9】 图 3.37（a）所示为一简易吊车的简图。斜杆 AB 为圆形钢杆，材料为 Q235 钢，其许用应力 $[\sigma] = 160\text{MPa}$，载荷 $P = 19\text{kN}$。试设计斜杆 AB 的直径 d。（图中单位：mm）

解：（1）计算斜杆 AB 的轴力。

由横梁 CD ［图 3.37（b）］的平衡方程：$\sum M_C(F) = 0$ 可得：

$$N\sin 30° \times 3.2 - P \times 4 = 0$$

故有：

$$N = \frac{P \times 4}{3.2 \times \sin 30°} = \frac{19 \times 4}{3.2 \times 0.5} = 47.5(\text{kN})$$

（2）由斜杆 AB 的强度条件得：

$$\sigma = \frac{N}{\dfrac{\pi d^2}{4}} \leqslant [\sigma]$$

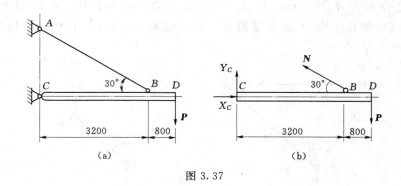

图 3.37

得到

$$d \geqslant \sqrt{\frac{4N}{\pi[\sigma]}} = \sqrt{\frac{4 \times 4.75 \times 10^3}{\pi \times 160 \times 10^5}} = 19.4 \times 10^{-3}(\text{m}) = 19.4\text{mm}$$

亦即斜杆 AB 的直径 d 至少为 19.4mm。

【例 3.10】 如图 3.38（a）所示悬臂吊车，其简化模型如图 3.38（b）所示，已知：AB 杆由两根 $80 \times 80 \times 7$ 等边角钢组成，横截面积为 A_1，长度为 2m，AC 杆由两根 10 号槽钢组成，横截面积为 A_2，钢材为 3 号钢，许用应力 $[\sigma] = 120\text{MPa}$。求该悬臂吊车的许可载荷。

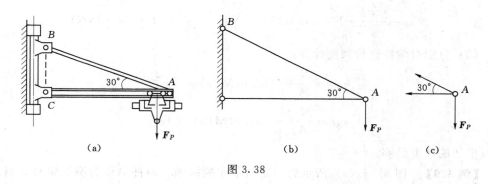

图 3.38

解：（1）取结点 A 为研究对象，受力图如图 3.38（c）所示，对 A 结点受力分析：

$$\Sigma F_y = 0 : N_{AB}\sin 30° - F_P = 0 , \quad N_{AB} = \frac{F_P}{\sin 30°} = 2F_P \quad （受拉）$$

$$\Sigma F_x = 0 : -N_{AB}\cos 30° - N_{AC} = 0 , \quad N_{AC} = -N_{AB}\cos 30° = -1.732F_P \quad （受压）$$

（2）计算许可轴力 $[N]$：

查型钢表：$A_1 = 10.86 \times 2 = 21.7 (\text{cm}^2)$，$A_2 = 12.74 \times 2 = 25.48 (\text{cm}^2)$

由强度计算公式：$\sigma_{\max} = \dfrac{N_{\max}}{A} \leqslant [\sigma]$ 则：$[F_P] = A[\sigma]$

$[N_{AB}] = 21.7 \times 10^2 \times 120 = 260(\text{kN})$，$[N_{AC}] = 25.48 \times 10^2 \times 120 = 306(\text{kN})$

（3）计算许可载荷：

$$[F_{P1}] = \frac{[N_{AB}]}{2} = \frac{260}{2} = 130(\text{kN})，\quad [F_{P2}] = \frac{[N_{AC}]}{1.732} = \frac{306}{1.732} = 176.5(\text{kN})$$

$$[F_P] = \min\{F_{P1}，F_{P2}\} = 130(\text{kN})$$

小　　结

1. 截面法步骤

（1）截开：用假想的截面将构件在待求内力的截面处截开。

（2）代替：取被截开构件的一部分为隔离体，用作用于截面上的内力替代另一部分对该部分的作用。

（3）平衡求解：建立关于隔离体的静力平衡方程，求解未知内力。

2. 轴力的计算步骤

（1）用假想的截面将杆截为两部分。

（2）取其中任意一部分为隔离体，将另一部分对隔离体的作用用内力 N 来代替。

（3）以轴向为 x 轴，建立静力平衡方程。

杆件受拉，轴力为正；反之，轴力为负。计算轴力时均按正向假设，若得负号则表明杆件受压。

3. 轴力图的画法步骤

（1）画一条与杆的轴线平行且与杆等长的直线作基线。

（2）将杆分段，凡集中力作用点处均应取作分段点。

（3）用截面法，通过平衡方程求出每段杆的轴力；画受力图时，截面轴力一定按正的规定来画。

（4）按大小比例和正负号，将各段杆的轴力画在基线两侧，并在图上标出数值和正负号。

4. 拉（压）杆的正应力 σ 在横截面上均匀分布

其计算公式为

$$\sigma = \frac{N}{A}$$

5. 胡克定律建立了应力和应变之间的关系

其表达式为

$$\sigma = E\varepsilon \text{ 或 } \Delta l = \frac{Nl}{EA}$$

纵向应变 ε 和横向应变 ε' 之间有如下关系：

$$\varepsilon' = -\mu\varepsilon$$

6. 低碳钢的拉伸应力-应变曲线

该曲线分为四个阶段：弹性阶段、屈服阶段、强化阶段和颈缩阶段。重要的强度指标有 σ_s 和 σ_b，塑性指标有 δ 和 φ。

7. 轴向拉（压）的强度条件

$$\sigma_{\max} = \frac{N}{A} \leqslant [\sigma]$$

利用该式可以解决强度校核、设计截面和确定承载能力这三类强度计算问题。

习　题

3.1　求图中所示各杆 1—1、2—2 和 3—3 截面上的轴力，并作轴力图。

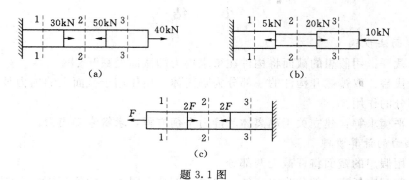

（a）　　　　　　　　　（b）

（c）

题 3.1 图

3.2　中段开槽的直杆如图所示，受轴向力 F 作用；已知：$F=20\text{mm}$，$h=25\text{mm}$，$h_0=10\text{mm}$，$b=20\text{mm}$，试求杆内的最大正应力。

3.3　已知等截面直杆横截面面积 $A=500\text{mm}^2$，受轴向力作用如图所示，已知 $F_1=10\text{kN}$，$F_2=20\text{kN}$，$F_3=20\text{kN}$，试求直杆各段的轴力和应力。

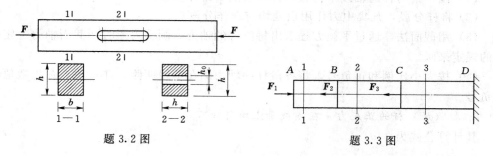

题 3.2 图　　　　　　　　　题 3.3 图

3.4　简易起吊架如图所示，AB 为 10cm×10cm 的杉木，BC 为 $d=2\text{cm}$ 的圆钢，$F=26\text{kN}$。试求斜杆及水平杆横截面上的应力。

3.5　截面直杆如图所示。已知 $A_1=8\text{cm}^2$，$A_2=4\text{cm}^2$，$E=200\text{GPa}$。求杆的总伸长 Δl。

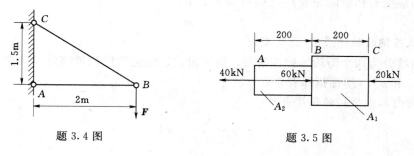

题 3.4 图　　　　　　　　题 3.5 图

3.6 如图所示为一简单托架。杆 BC 为圆钢，横截面直径 $d=20$mm，杆 BD 为 8 号槽钢。若 $E=200$GPa，$F_P=60$kN，试求节点 B 的位移。

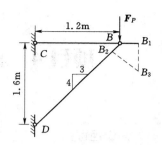

题 3.6 图

3.7 外径 D 为 32mm，内径 d 为 20mm 的空心钢杆如图所示。设某处有直径 $d_1=5$mm 的销钉孔，材料为 Q235A 钢，许用应力 $[\sigma]=170$MPa，若承受拉力 $F=60$kN，试校核该杆的强度。

3.8 如图所示，已知：木杆横截面积 $A_1=104$mm，$[\sigma]_1=7$MPa，钢杆横截面积 $A_2=600$mm，$[\sigma]_2=160$MPa，试确定许用载荷 $[F]$。

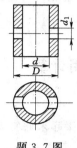

题 3.7 图

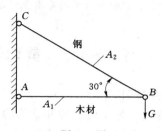

题 3.8 图

项目4 连接件与圆轴的承载力分析

知识目标

初步具备分析判断工程中受扭构件并将其简化为力学模型的能力。能够熟练地计算扭矩和绘制扭矩图。能够初步分析和解决有关的工程实际问题。

能力目标

了解扭转的概念，掌握圆轴扭转时的切应力分布规律和计算公式以及扭转角的计算公式，进一步领会和掌握材料力学的基本分析方法。

任务4.1 剪切和挤压的实用计算

4.1.1 学习任务导引

在实际工程中，为了将机械和结构物的各部分互相连接起来通常要用到各种各样的连接件。例如桥梁桁架节点处的铆钉（或高强度螺栓）连接 ［图4.1（a）］、机械中的轴与齿轮间的键连接 ［图4.1（b）］，以及木结构中的榫齿连接 ［图4.1（c）］和钢结构中的焊缝连接 ［图4.1（d）］等。

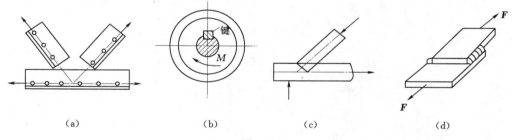

| (a) | (b) | (c) | (d) |

图4.1

连接件的体积虽然都比较小，但对保证连接或整个结构牢固和安全却起着重要的作用。在连接件的强度计算中，因为连接件一般都不是细长的杆，加之其受力和变形都比较复杂，要从理论上计算它们的工作应力往往非常困难，有时甚至不可能。在工程设计中，为简化计算通常采用工程实用计算方法，即按照连接的破坏可能性采用能反映受力基本特征、并简化计算的假设，计算其应力，然后根据直接实验的结果，确定其相应的许用应力，以进行强度计算。

4.1.2 学习内容

4.1.2.1 剪切、挤压的概念

受剪切构件的外力特点：作用在构件两侧面上的横向外力的合力大小相等，方向

相反，作用线相距很近。受剪切构件的变形特点：在这样的外力作用下，两力间的横截面发生相对错动，这种变形形式叫作剪切。

铆钉在受剪切的同时，在钢板和铆钉的相互接触面上，还会出现局部受压现象，称为挤压。这种挤压作用有可能使接触处局部区域内的材料发生较大的塑性变形，连接件与被连接件的相互接触面，称为挤压面。挤压面上传递的压力称为挤压力，用 F_c 表示。挤压面上的应力称为挤压应力。

4.1.2.2　剪切实用计算

在工程中，连接件主要产生剪切变形。如图 4.2（a）所示两块钢板通过铆钉连接，其中铆钉的受力如图 4.2（b）所示。在外力作用下，铆钉的 m—n 截面将发生相对错动，称为剪切面。利用截面法，从 m—n 截面截开，在剪切面上与截面相切的内力，如图 4.2（c）所示，称为剪力，用 Q 表示，由平衡方程可知

$$Q = F_P$$

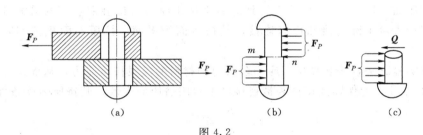

图 4.2

在剪切面上，假设切应力均匀分布，得到名义切应力，即

$$\tau = \frac{Q}{A} \tag{4.1}$$

式中：A 为剪切面面积。

剪切极限应力，可通过材料的剪切破坏实验确定。在实验中测得材料剪断时的剪力值，同样式（4.1）计算，得剪切极限应力 τ_u，极限应力 τ_u 除以安全因数，即得出材料的许用应力 $[\tau]$。则剪切强度条件表示为

$$\tau = \frac{Q}{A} \leqslant [\tau] \tag{4.2}$$

在工程中，剪切计算主要有以下三种：①强度校核；②截面设计；③计算许用荷载。

4.1.2.3　挤压实用计算

如图 4.3（a）所示的铆钉连接中，在铆钉与钢板相互接触的侧面上相互压紧，把铆钉或钢板的铆钉孔压成局部塑性变形。如图 4.3（b）所示为铆钉孔被压成长圆孔的情况。当然，铆钉也可能被压成扁圆柱，所以应该进行挤压强度计算。在挤压面上应力分布一般也比较复杂。在实用计算中，也是假设在挤压面上应力均匀分布。

工程上为了简化计算，假定挤压应力在计算挤压面上均匀分布，表示为

$$\sigma_c = \frac{F_c}{A_c} \tag{4.3}$$

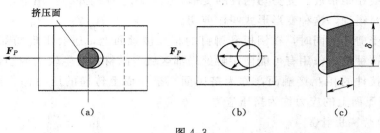

图 4.3

式中：σ_c 为名义挤压应力；F_c 为挤压力；A_c 为计算挤压面面积。

对于铆钉、销轴、螺栓等圆柱形连接件，实际挤压面为半圆面，其计算挤压面面积 A_c 取为实际接触面在直径平面上的正投影面积［图 4.3（c）］。对于钢板、型钢、轴套等被连接件，实际挤压面为半圆孔壁，计算挤压面面积 A_c 取凹半圆面的正投影面作为挤压面。按式（4.3）计算得到的名义挤压应力与接触中点处的最大理论挤压应力值相近。对于键连接和榫齿连接，其挤压面为平面，挤压面面积按实际挤压面计算。

通过实验方法，按名义挤压应力公式得到材料的极限挤压应力，从而确定了许用挤压应力 $[\sigma_c]$。为保障连接件和被连接件不致因挤压而失效，其挤压强度条件为

$$\sigma_c = \frac{F_c}{A_c} \leqslant [\sigma_c] \tag{4.4}$$

对于钢材等塑性材料，许用挤压应力 $[\sigma_c]$ 与许用拉应力 $[\sigma_t]$ 有如下关系

$$[\sigma_c] = (1.7 - 2.0)[\sigma_t] \tag{4.5}$$

如果连接件和被连接件的材料不同，应以抵抗挤压能力较弱的构件为准进行强度计算。

4.1.3　学习任务解析——剪切和挤压的实用计算

【例 4.1】　如图 4.4 所示正方形截面的混凝土柱，其横截面边长为 200mm，其基底为边长 1m 的正方形混凝土板，柱承受轴向压力 $F = 100\text{kN}$。设地基对混凝土板的支反力为均匀分布，混凝土的许用切应力 $[\tau] = 1.5\text{MPa}$。试问设计混凝土板的最小厚度 δ 为多少时，柱才不会穿过混凝土板？

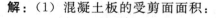

图 4.4

解：（1）混凝土板的受剪面面积：

$$A = 0.2 \times 4 \times \delta = 0.8\delta$$

（2）剪力计算：

$$Q = F - 0.2 \times 0.2\text{m}^2 \times \left(\frac{F}{1 \times 1}\right) = 100 \times 10^3 - 0.04 \times \left(\frac{100 \times 10^3}{1}\right)$$

$$= 100 \times 10^3 - 4000 = 96 \times 10^3 (\text{N})$$

（3）混凝土板厚度设计：

$$\delta \geqslant \frac{Q}{[\tau] \times 800} = \frac{96 \times 10^3}{1.5 \times 800} = 80(\mathrm{mm})$$

（4）取混凝土板最小厚度：

$$\delta = 80\mathrm{mm}$$

【**例 4.2**】　高炉热风围管套环与吊杆通过销轴连接，如图 4.5（a）所示。每个吊杆上承担的重量 $P = 188\mathrm{kN}$，销轴直径 $d = 90\mathrm{mm}$，在连接处吊杆端部厚 $\delta_1 = 110\mathrm{mm}$，套环厚 $\delta_2 = 75\mathrm{mm}$，吊杆、套环和销轴的材料均为 Q235 钢，许用应力 $[\tau] = 90\mathrm{MPa}$，$[\sigma_c] = 200\mathrm{MPa}$，试校核销轴连接的强度。

解：（1）校核剪切强度。销轴的受力如图 4.5（b）所示，a—a、b—b 两截面皆为剪切面，这种情况称为双剪。由平衡条件知，销轴上的剪力为

$$Q = \frac{P}{2} = \frac{188}{2} = 94(\mathrm{kN})$$

剪切面的面积为

$$A = \frac{\pi d^2}{4} = \frac{\pi \times 0.9^2}{4} = 63.6 \times 10^{-4}(\mathrm{m}^2)$$

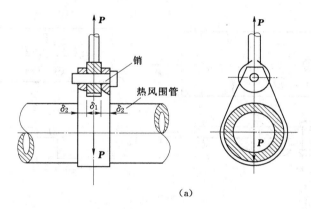

（a）

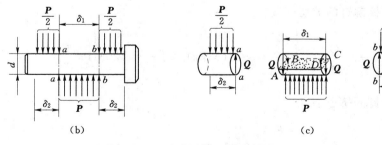

（b）　　　　　　　　　　　　　　　　（c）

图 4.5

销轴的工作应力为

$$\tau = \frac{Q}{A} = \frac{94 \times 1000}{63.6 \times 10^{-4}} = 14.8 \times 10^6(\mathrm{Pa}) = 14.8\mathrm{MPa} < [\tau] = 90\mathrm{MPa}$$

故剪切强度满足要求。

（2）校核挤压强度。销轴的挤压面是圆柱面，用通过圆柱直径的平面面积作为挤压面的计算面积，如图 4.5（c）所示。

又因为长度为 $\delta_1 < 2\delta_2$，应以面积较小者来校核挤压强度，此时挤压面（$ABCD$）上的挤压力为

$$P = 188\text{kN}$$

挤压面的计算面积为 $A_c = \delta_1 d = 11 \times 9 = 99 (\text{cm}^2) = 99 \times 10^{-4}\ \text{m}^2$

所以工作挤压应力为

$$\sigma_c = \frac{P}{A_c} = \frac{188 \times 1000}{99 \times 10^{-4}} = 19 \times 10^6 (\text{Pa}) = 19\text{MPa} < [\sigma_C] = 200\text{MPa}$$

故挤压强度也满足要求。

【例 4.3】　如图 4.6 所示接头，承受轴向载荷 F 作用，试校核接头的强度。已知：载荷 $F = 80\text{kN}$，板宽 $b = 80\text{mm}$，板厚 $\delta = 10\text{mm}$，铆钉直径 $d = 16\text{mm}$，许用应力 $[\sigma] = 160\text{MPa}$，许用切应力 $[\tau] = 120\text{MPa}$，许用挤压应力 $[\sigma_c] = 340\text{MPa}$。板件与铆钉的材料相同。

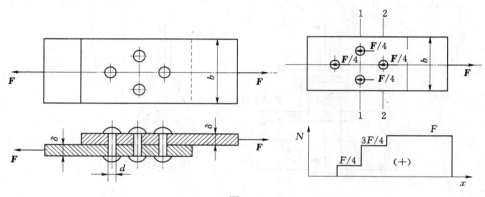

图 4.6

解：（1）校核铆钉的剪切强度。

$$\tau = \frac{Q}{A} = \frac{\frac{1}{4}F}{\frac{1}{4}\pi d^2} = 99.5 (\text{MPa}) \leqslant [\tau] = 120\text{MPa}$$

（2）校核铆钉的挤压强度。

$$\sigma_c = \frac{F_c}{A_c} = \frac{\frac{1}{4}F}{d\delta} = 125 (\text{MPa}) \leqslant [\sigma_c] = 340\text{MPa}$$

（3）考虑板件的拉伸强度。

对板件进行受力分析，画出板件的轴力图；校核 1—1 截面的拉伸强度：

$$\sigma_1 = \frac{N_1}{A_1} = \frac{\frac{3F}{4}}{(b - 2d)\delta} = 125 (\text{MPa}) \leqslant [\sigma] = 160\text{MPa}$$

校核2—2截面的拉伸强度：

$$\sigma_1 = \frac{N_2}{A_2} = \frac{F}{(b-d)\delta} = 125(\text{MPa}) \leqslant [\sigma] = 160\text{MPa}$$

所以，接头的强度足够。

任务4.2　圆轴扭转概念及圆轴扭转时横截面上的内力计算

4.2.1　学习任务导引

在实际工程中有许多杆件受力后产生扭转变形，图4.7（a）是常用的螺丝刀拧螺钉，用手电钻钻孔如图4.7（b）所示，螺丝刀杆和钻头都是受扭的杆件。在工程中常把产生扭转变形的杆件称为轴。

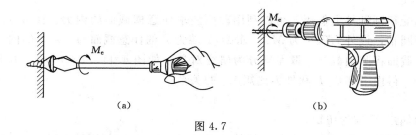

（a）　　　　　　　　　　　　　（b）

图4.7

如图4.8所示，雨篷由雨篷梁和雨篷板组成［图4.8（a）］，雨篷梁每米的长度上承受由雨篷板传来均布力矩。根据平衡条件，雨篷梁嵌固的两端必然产生大小相等、方向相反的反力矩［图4.8（b）］，雨篷梁处于受扭状态。

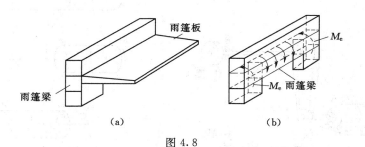

（a）　　　　　　　　　　（b）

图4.8

在实际工程中，有很多以扭转变形为主的杆件。

扭转变形杆件的受力特点：杆件受到两个垂直于轴线平面内的力偶作用，且两力偶的大小相等、方向相反。

扭转变形杆件的变形特点：各截面绕轴线发生相对转动。分析以上受扭杆件的特点，作用于垂直杆轴平面内的力偶使杆引起的变形，称为扭转变形。变形后杆件各横截面之间绕杆轴线相对转动了一个角度，称为扭转角，用 φ 表示，如图4.9所示，其物理意义是用来衡量扭转程度的。

本节着重讨论圆截面杆的扭转应力和变形计算。

4.2.2　学习内容

4.2.2.1　圆轴扭转时横截面上的扭矩

1. 外力偶矩的计算

如图 4.10 所示，工程中常用的传动轴是通过转动传递动力的构件，其外力偶矩一般不

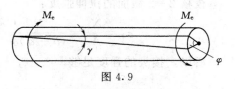

图 4.9

是直接给出的，通常已知轴所传递的功率和轴的转速。外力偶矩、功率和转速之间的关系为

$$M_e = 9549 \frac{P}{n} \tag{4.6}$$

式中：M_e 为作用在轴上的外力偶矩，$N \cdot m$；P 为轴传递的功率，kW；n 为轴的转速，r/min。

2. 扭矩

已知受扭圆轴外力偶矩，可以利用截面法求任意横截面的内力。图 4.11（a）所示为受扭圆轴，设外力偶矩为 M_e，求距 A 端为 x 的任意截面 $m—n$ 上的内力。假设在 $m—n$ 截面将圆轴截开，取左部分为研究对象，如图 4.11（b）所示，由平衡条件 $\sum M_x = 0$，得内力偶矩 T 和外力偶矩 M_e 的关系

$$T = M_e \tag{4.7}$$

内力偶矩 T 称为扭矩。

扭矩的正负号规定为：自截面的外法线向截面看，逆时针转向为正，顺时针转向为负。

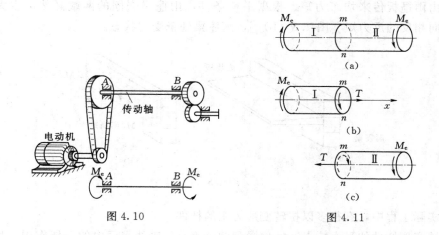

图 4.10

图 4.11

如图 4.11（b）、（c）所示，从同一截面截出的扭矩均为正号。扭矩的单位是 $N \cdot m$ 或 $kN \cdot m$。

4.2.2.2　圆轴扭转的扭矩图

为了清楚地表示扭矩沿轴线变化的规律，以便确定危险截面，常用与轴线平行的 x 坐标表示横截面的位置，以与之垂直的坐标表示相应横截面的扭矩，把计算结果按比例绘在图上，正值扭矩画在 x 轴上方，负值扭矩画在 x 轴下方。这种图形称为扭

矩图。

4.2.3 学习任务解析

【例4.4】 图 4.12（a）所示的传动轴，转速 $n=300 \text{r/min}$，A 轮为主动轮，输入功率 $N_A=10 \text{kW}$，B、C、D 为从动轮，输出功率分别为 $N_B=4.5 \text{kW}$，$N_C=3.5 \text{kW}$，$N_D=2.0 \text{kW}$，试求各段扭矩。

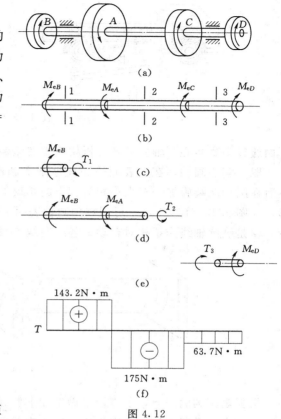

图 4.12

解：（1）计算外力偶矩。

$$M_{eA}=9549 \cdot \frac{N_A}{n}=9549 \times \frac{10}{300}$$
$$=318.3(\text{N} \cdot \text{m})$$

$$M_{eB}=9549 \cdot \frac{N_B}{n}=9549 \times \frac{4.5}{300}$$
$$=143.2(\text{N} \cdot \text{m})$$

$$M_{eC}=9549 \cdot \frac{N_C}{n}=9549 \times \frac{3.5}{300}$$
$$=111.4(\text{N} \cdot \text{m})$$

$$M_{eD}=9549 \cdot \frac{N_D}{n}=9549 \times \frac{2.0}{300}$$
$$=63.7(\text{N} \cdot \text{m})$$

（2）分段计算扭矩，设各段扭矩为正，用矢量表示，分别为

$$T_1=M_{eB}=143.2\text{N} \cdot \text{m} \qquad [\text{图 4.12（c）}]$$
$$T_2=M_{eB}-M_{eA}=143.2-318.3=-175.1(\text{N} \cdot \text{m}) \qquad [\text{图 4.12（d）}]$$
$$T_3=-M_{eD}=-63.7\text{N} \cdot \text{m} \qquad [\text{图 4.12（e）}]$$

T_2、T_3 为负值，说明实际方向与假设相反。

（3）作扭矩图 [图 4.12（f）]。

$$|T|_{\max}=175\text{N} \cdot \text{m}$$

任务4.3 圆轴扭转时的强度计算

4.3.1 学习任务导引

为了保证如图 4.13（a）、（b）所示载重汽车、挖掘机等传动轴安全可靠地工作，不发生破坏，必须使圆轴满足强度要求，这就需要对圆轴进行强度计算。

4.3.2 学习内容

4.3.2.1 等直圆轴扭转时横截面上的切应力

工程中要求对受扭杆件进行强度计算，根据扭矩 T 确定横截面上各点的切应力。

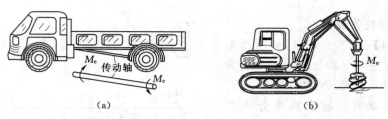

图 4.13

下面通过观察实心圆轴变形来分析切应力在横截面上的分布规律。

取一实心圆轴，在其表面等距离地画上圆周线和纵向线，如图 4.14（a）所示，然后在圆轴两端施加一对大小相等、方向相反的扭转力偶矩 M_e，使圆轴产生扭转变形，如图 4.14（b）所示，可观察到圆轴表面上各圆周线的形状、大小和间距均未改变，仅是绕圆轴线作了相对转动；各纵向线均倾斜了微小角度 γ。

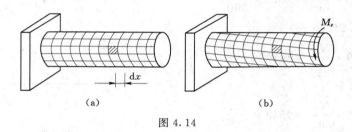

图 4.14

根据观察到的现象，由表及里做出如下假设：

（1）由于横截面间的距离不变，故在横截面上无正应力。

（2）由于圆柱面上矩形网格发生相对错动，因而横截面上必有剪应力存在。

（3）可假设圆杆内部各圆柱面变形情况与外表相似，即假设圆杆的横截面变形后仍保持为一平面，半径仍为直线。这一假设称为刚平截面假设。

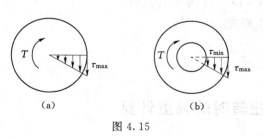

图 4.15

根据圆轴扭转变形的几何关系、物理关系以及静力学关系可以推导出某横截面上任意点的剪应力计算公式为

$$\tau = \frac{T}{I_\rho} \cdot \rho \qquad (4.8)$$

式中：T 为横截面上的扭矩；ρ 为横截面上任意一点处到圆心的距离；I_ρ 为横截面对圆心的惯性矩。

横截面上剪应力的分布规律如图 4.15 所示，其正负号和扭矩 T 相同。

在圆截面边缘上，ρ 达到最大值 R，得最大切应力为

$$\tau_{\max} = \frac{TR}{I_\rho} \qquad (4.9)$$

令 $W_\rho = \dfrac{I_\rho}{R}$，则上式可写为

$$\tau_{max} = \frac{T}{W_\rho} \tag{4.10}$$

式中：W_ρ 为抗扭截面系数，m^3 或 cm^3，它是与截面形状和尺寸有关的量。

实心圆轴的 W_ρ：

$$W_\rho = \frac{\pi D^3}{16}$$

式中：D 为圆轴的直径。

空心圆轴的 W_ρ：

$$W_\rho = \frac{\pi D^3}{16}(1 - \alpha^4)$$

$$\alpha = \frac{d}{D}$$

式中：α 为内外径之比；d 为空心圆轴的内径。

4.3.2.2　等直圆轴扭转时强度条件

工程上要求圆轴扭转时的最大切应力不得超过材料的许用切应力 $[\tau]$，即

$$\tau_{max} = \left(\frac{T}{W_\rho}\right)_{max} \leqslant [\tau] \tag{4.11}$$

对于等截面圆轴，表示为

$$\tau_{max} = \frac{T_{max}}{W_\rho} \leqslant [\tau] \tag{4.12}$$

式（4.12）称为圆轴扭转强度条件。

实验表明，材料扭转许用切应力 $[\tau]$ 和许用拉应力 $[\sigma]$ 有如下近似的关系：

塑性材料：$[\tau] = 0.5 \sim 0.6[\sigma]$；脆性材料：$[\tau] = 0.8 \sim 1.0[\sigma]$

4.3.3　学习任务解析

【例 4.5】　如图 4.13（a）所示汽车的主传动轴，由 45 号钢的无缝钢管制成，外径 $D = 90mm$，壁厚 $\delta = 2.5mm$，工作时的最大扭矩 $T = 1.5kN \cdot m$，若材料的许用切应力 $[\tau] = 60MPa$，试校核该轴的强度。

解：（1）计算抗扭截面系数。

主传动轴的内外径之比为

$$\alpha = \frac{d}{D} = \frac{90 - 2 \times 2.5}{90} = 0.944$$

抗扭截面系数为

$$W_\rho = \frac{\pi D^3}{16}(1 - \alpha^4) = \frac{\pi \times (90)^3}{16}(1 - 0.944^4) = 295 \times 10^2 (mm^3)$$

（2）计算轴的最大切应力。

$$\tau_{max} = \frac{T}{W_\rho} = \frac{1.5 \times 10^6}{295 \times 10^2} = 50.8 (MPa)$$

（3）强度校核。

$\tau_{\max} = 50.8\text{MPa} < [\tau]$，主传动轴安全。

【例 4.6】　若把例 4.5 中的汽车主传动轴改为实心轴，要求它与原来的空心轴强度相同，试确定实心轴的直径，并比较空心轴和实心轴的重量。

解：　（1）求实心轴的直径，要求强度相同，即实心轴的最大切应力也为 51MPa，即

$$\tau = \frac{T}{W_\rho} = \frac{1.5 \times 10^6}{\dfrac{\pi D_1^3}{16}} = 51(\text{MPa})$$

$$D_1 = \sqrt[3]{\frac{16 \times 1.5 \times 10^6}{\pi \times 51}} = 53.1(\text{mm})$$

（2）在两轴长度相等、材料相同的情况下，两轴重量之比等于两轴横截面面积之比，即

$$\frac{A_{空}}{A_{实}} = \frac{\dfrac{\pi}{4}(D^2 - d^2)}{\dfrac{\pi}{4} D_1^2} = \frac{90^2 - 85^2}{53.1^2} = 0.31$$

讨论：由此题结果表明，在其他条件相同的情况下，空心轴的重量只是实心轴重量的 31%，其节省材料是非常明显的。这是由于实心圆轴横截面上的切应力沿半径呈线性规律分布，圆心附近的应力很小，这部分材料没有充分发挥作用，若把轴心附近的材料向边缘移置，使其成为空心轴，就会增大 I_ρ 或 W_ρ，从而提高了轴的强度。然而，空心轴的壁厚也不能过薄，否则会发生局部皱折而丧失其承载能力（即丧失稳定性）。

任务 4.4　圆轴扭转时的刚度计算

4.4.1　学习任务导引

工程中轴类构件，除应满足强度要求外，对其扭转变形也有一定要求，例如，汽车车轮轴的扭转角过大，汽车在高速行驶或紧急刹车时就会跑偏而造成交通事故；车床传动轴扭转角过大，会降低加工精度，对于精密机械，刚度的要求比强度更严格。

4.4.2　学习内容

4.4.2.1　圆轴扭转的变形计算

轴的扭转变形用两横截面的相对扭转角表示，当扭矩为常数，且 GI_ρ 也为常量时，相距长度为 l 的两横截面相对扭转角为

$$\varphi = \int_l \mathrm{d}\varphi = \int_l \frac{T}{GI_\rho}\mathrm{d}x = \frac{Tl}{GI_\rho}(\text{rad}) \tag{4.13}$$

式中：GI_ρ 为圆轴扭转刚度，它表示轴抵抗扭转变形的能力。

相对扭转角的正负号由扭矩的正负号确定，即正扭矩产生正扭转角，负扭矩产生负扭转角。

在工程中，对于受扭转圆轴的刚度通常用相对扭转角沿杆长度的变化率 $\mathrm{d}\varphi/\mathrm{d}x$ 来度量，用 θ 表示，称为单位长度扭转角。即：

$$\theta = \frac{\mathrm{d}\varphi}{\mathrm{d}x} = \frac{T}{GI_\rho} \tag{4.14}$$

4.4.2.2 圆轴扭转刚度条件

对于承受扭转的圆轴，不仅要满足强度条件，还必须满足刚度条件，即要求轴的扭转变形不能超过一定的限度。通常，规定单位长度的扭转角的最大值不应超过规定的允许值 $[\theta]$，即

$$\theta_{\max} = \frac{T_{\max}}{GI_\rho} \leqslant [\theta] \tag{4.15}$$

在工程中，$[\theta]$ 的单位习惯用 rad/m（弧度/米）表示，将上式中的弧度换算为度，得

$$\theta_{\max} = \left(\frac{T}{GI_\rho}\right)_{\max} \times \frac{180}{\pi} \leqslant [\theta] \tag{4.16}$$

对于等截面圆轴，即为

$$\theta_{\max} = \frac{T_{\max}}{GI_\rho} \times \frac{180}{\pi} \leqslant [\theta] \tag{4.17}$$

许用扭转角 $[\theta]$ 的数值，根据轴的使用精密度、生产要求和工作条件等因素确定，对于一般传动轴，$[\theta]$ 为 $0.5(°)/\mathrm{m} \sim 1(°)/\mathrm{m}$；对于精密机器的轴，$[\theta]$ 常取为 $0.15(°)/\mathrm{m} \sim 0.30(°)/\mathrm{m}$。

4.4.3 学习任务解析

【例 4.7】 如图 4.16（a）所示轴的直径 $d = 50\mathrm{mm}$，切变模量 $G = 80\mathrm{GPa}$，试计算该轴两端面之间的扭转角。

解： 两端面之间扭转角 φ_{AD} 为

$$\varphi_{AD} = \varphi_{AB} + \varphi_{BC} + \varphi_{CD}$$

（1）作扭矩图［图 4.16（b）］。

（2）分段求扭转角。

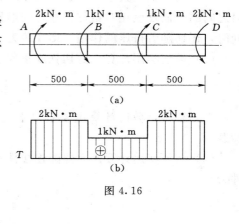

图 4.16

$$\varphi_{AD} = \frac{T_{AB}l}{GI_\rho} + \frac{T_{BC}l}{GI_\rho} + \frac{T_{CD}l}{GI_\rho}$$

$$= \frac{l}{GI_\rho}(2T_{AB} + T_{BC})$$

式中：

$$I_\rho = \frac{\pi d^4}{32} = \frac{\pi}{32} \times (50)^4 = 61.36 \times 10^4 (\mathrm{mm}^4)$$

$$\varphi_{AD} = \frac{500}{80 \times 10^3 \times 61.36 \times 10^4} \times (2 \times 2 \times 10^6 + 1 \times 10^6) = 0.051(\mathrm{rad})$$

【例 4.8】 主传动钢轴，传递功率 $P = 60\mathrm{kW}$，转速 $n = 250\mathrm{r/min}$，传动轴的许用切应力 $[\tau] = 40\mathrm{MPa}$，许用单位长度扭转角 $[\theta] = 0.5(°)/\mathrm{m}$，切变模量 $G = 80\mathrm{GPa}$，试计算传动轴所需的直径。

解：（1）计算轴的扭矩。

$$T = 9549 \times \frac{60}{250} = 2292(\text{N} \cdot \text{m})$$

（2）根据强度条件求所需直径。

$$\tau = \frac{T}{W_\rho} = \frac{16T}{\pi d^3} \leqslant [\tau]$$

$$d \geqslant \sqrt[3]{\frac{16T}{\pi[\tau]}} = \sqrt[3]{\frac{16 \times 2292 \times 10^3}{\pi \times 40}} = 66.3(\text{mm})$$

（3）根据圆轴扭转的刚度条件，求直径。

$$\theta = \frac{T}{GI_\rho} \times \frac{180}{\pi} \leqslant [\theta]$$

$$d \geqslant \sqrt[4]{\frac{32T}{G\pi[\theta]}} = \sqrt[4]{\frac{32 \times 2292 \times 10^3}{80 \times 10^3 \times 0.5/10^3 \times \frac{\pi}{180} \times \pi}} = 76(\text{mm})$$

故应按刚度条件确定传动轴直径，取 $d = 76$mm。

小　　结

（1）构件受到大小相等、方向相反、作用线平行且相距很近的两外力作用时，两力之间的截面发生相对错位，这种变形称为剪切变形。工程中的连接件在承受剪力的同时，还伴随着挤压的作用，即在传力的接触面上出现局部的不均匀压缩变形。

（2）剪切实用计算。剪切强度条件表示为

$$\tau = \frac{Q}{A} \leqslant [\tau]$$

在工程中，剪切计算主要有以下三种：①强度校核；②截面设计；③计算许用荷载。

（3）挤压实用计算。为保障连接件和被连接件不致因挤压而失效，其挤压强度条件为

$$\sigma_c = \frac{F_c}{A_c} \leqslant [\sigma_c]$$

（4）外力偶矩、功率和转速之间的关系为

$$M_e = 9549 \frac{P}{n}(\text{N} \cdot \text{m})$$

（5）内力偶矩 T 和外力偶矩 M_e 的关系为

$$T = M_e$$

内力偶矩 T 称为扭矩。扭矩的正负号规定为：自截面的外法线向截面看，逆时针转向为正，顺时针转向为负。

（6）根据圆轴扭转变形的几何关系、物理关系以及静力学关系可以推导出某横截面上任意点的剪应力计算公式为

$$\tau = \frac{T}{I_\rho} \cdot \rho$$

（7）等直圆轴扭转时强度条件为

$$\tau_{max} = \frac{T_{max}}{W_\rho} \leqslant [\tau]$$

（8）圆轴扭转变形的计算公式为

$$\varphi = \frac{Tl}{GI_\rho}$$

圆轴扭转的刚度条件为

$$\theta_{max} = \frac{T}{GI_\rho} \times \frac{180}{\pi} \leqslant [\theta]$$

习　题

4.1　木榫接头如图所示，已知：$b = 12\text{cm}$，$l = 35\text{cm}$，$a = 4.5\text{cm}$，$F = 40\text{kN}$，试求接头的切应力和挤压应力。

4.2　如图所示销钉连接。已知 $F = 100\text{kN}$，销钉的直径 $d = 30\text{mm}$，材料的许用切应力 $[\tau] = 60\text{MPa}$。试校核销钉的剪切强度，若强度不够，应改用多大直径的销钉。

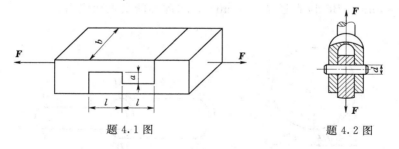

题 4.1 图　　　　　　　　　　　题 4.2 图

4.3　如图所示接头中二端被连接杆直径为 D，许用应力为 $[\sigma]$。若销钉许用剪应力 $[\tau] = 0.5[\sigma]$，试确定销钉的直径 d。若钉和杆的许用挤压应力为 $[\sigma_c] = 1.2[\sigma]$，销钉的工作长度 L 应为多大？

4.4　如图所示螺栓接头，已知 $F = 40\text{kN}$，螺栓的许用切应力 $[\tau] = 130\text{MPa}$，许用挤压应力 $[\sigma_c] = 300\text{MPa}$。试求螺栓所需的直径 d。

4.5　如图所示铆接接头，由两块钢板铆接而成。已知 $P = 80\text{kN}$，$b = 80\text{mm}$，$\delta = 10\text{mm}$，$d = 16\text{mm}$，$[\tau] = 100\text{MPa}$，$[\sigma_c] = 300\text{MPa}$，$[\sigma] = 160\text{MPa}$，试校核接头强度（假设铆钉也为钢制，且三者材料相同）。

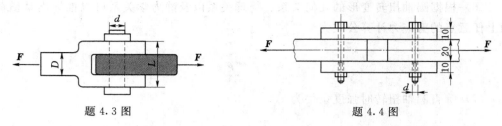

题 4.3 图　　　　　　　　　题 4.4 图

4.6　求如图所示各杆 1—1、2—2 和 3—3 截面上的扭矩，并作扭矩图。

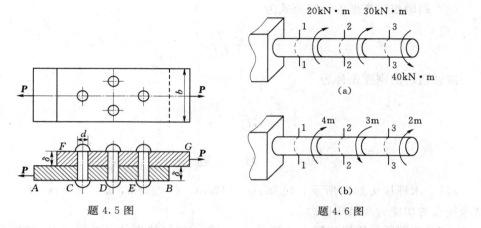

题 4.5 图　　　　　　　　　题 4.6 图

4.7　如图所示受扭圆轴某截面上的扭矩 $T=20\text{kN}\cdot\text{m}$，$d=100\text{mm}$。试求该截面 a、b、c 三点的切应力，并在图中标出方向。

4.8　如图所示，已知：$M_1=5\text{kN}\cdot\text{m}$，$M_2=3.2\text{kN}\cdot\text{m}$，$M_3=1.8\text{kN}\cdot\text{m}$，$AB$ 段直径 $d_1=80\text{mm}$，BC 段直径 $d_2=50\text{mm}$，求此轴的最大切应力。

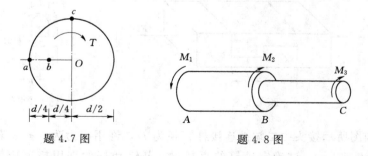

题 4.7 图　　　　　　　　　题 4.8 图

4.9　某钢轴直径 $d=80\text{mm}$，扭矩 $T=2.4\text{kN}\cdot\text{m}$，材料的许用切应力 $[\tau]=45\text{MPa}$，单位长度许用扭转角 $[\theta]=0.5(°)/\text{m}$，切变模量 $G=80\text{GPa}$，试校核此轴的强度和刚度。

4.10　一钢轴受扭矩 $T=1.2\text{kN}\cdot\text{m}$，许用切应力 $[\tau]=50\text{MPa}$，许用扭转角 $[\theta]=0.5°/\text{m}$，切变模量 $G=80\text{GPa}$，试选择轴的直径。

4.11　阶梯形圆轴直径分别为 $d_1=40\text{mm}$，$d_2=70\text{mm}$，轴上装有三个皮带轮，

如图所示。已知由轮 3 输入的功率为 $N_3＝3kW$，轮 1 输出的功率为 $N_1＝13kW$，轴做匀速转动，转速 $n＝200r/min$，材料的许用切应力 $[\tau]＝60MPa$，$G＝80GPa$，许用扭转角 $[\theta]＝2°/m$。试校核轴的强度和刚度。

4.12　桥式起重机题如图所示。若传动轴传递的力偶矩 $M_e＝1.08kN\cdot m$，材料的许用切应力 $[\tau]＝40MPa$，$G＝80GPa$，同时规定 $[\theta]＝0.5°/m$。试设计轴的直径。

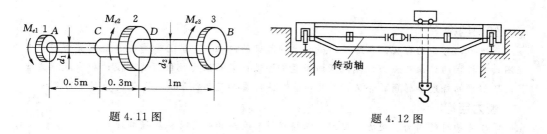

题 4.11 图　　　　　　　　　　　　　题 4.12 图

项目5　梁的内力与承载力分析

知识目标

　　理解平面弯曲的含义；熟练应用截面法计算梁的内力——剪力和弯矩，绘制剪力图和弯矩图；掌握梁的弯曲正应力计算，根据强度条件进行梁的强度校核、截面设计和承载能力计算；了解梁的挠度和转角的含义，并能用叠加法计算其变形；了解提高强度和刚度的措施。

能力目标

　　掌握弯曲杆的内力、应力、变形；掌握材料弯曲时的强度条件和强度计算。

任务5.1　梁弯曲时横截面上的内力计算

5.1

弯曲变形
概念

5.1.1　学习任务导引——吊车横梁的内力分析

　　在进行结构设计及相关计算时，应保证结构的各个构件能够正常工作，即构件应具有一定的强度、刚度。要解决强度、刚度问题，必须首先确定内力。物体受外力作用而发生变形时，其内部将产生附加内力，外力越大，产生的内力就越大。弯曲变形是工程中最常见，也是最复杂的一种基本变形。了解弯曲杆件的任一截面上内力大小是非常重要的，因此梁的弯曲内力分析以及内力图的绘制是解决梁的强度和刚度问题的基础部分。

　　图5.1所示为吊车的实物图、简易结构图和计算简图，绘制出吊车横梁的弯矩图。

　　下一小节的学习单元里给出弯曲梁构件的内力分析方法及内力图绘制，可以帮助我们解决这个问题。

5.1.2　学习内容

5.1.2.1　平面弯曲的概念

　　各种桥梁结构都存在弯曲变形的问题，如图5.2所示。弯曲是实际工程中常见的一种基本变形形式，如图5.3所示。作用于这些杆件上的外力垂直于杆件的轴线，使原为轴线的直线变形后成为曲线，这种变形称为弯曲变形。以承受弯曲变形为主的杆件称为梁。轴线为直线的杆件称为直梁，轴线为曲线的杆件称为曲梁。

　　在实际工程中最常用到的梁，多数其横截面有一根对称轴，如图5.4所示。通过梁轴线和横截面对称轴的平面称为纵向对称面。当梁上所有的外力都作用在纵向对称面内时，梁的轴线将弯曲成一条位于纵向对称面内的平面曲线，这种弯曲称为平面弯曲。平面弯曲是弯曲问题中最简单和最常见的情况。本项目将讨论平面弯曲的相关问题。

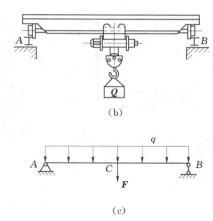

（a）

（b）

（c）

图 5.1

图 5.2

对工程构件进行分析计算，首先应该将实际构件简化为一个计算简图。对梁进行简化计算时，主要考虑三个方面：一是几何形状的简化；二是载荷的简化；三是支座的简化。如图 5.3（c）所示的吊车梁。对梁的几何形状作简化时，暂不考虑截面的具体形状，通常用梁的轴线代替，如图 5.3（c）所示的计算简图中直杆 AB 表示吊车梁。作用在梁上的载荷一般可以简化为三种形式：集中力、集中力偶和分布载荷。分布载荷分为均匀分布和非均匀分布两种。均匀分布载荷又称为均布载荷，分布在单位长度上的载荷称为载荷的集度，用 q 表示，单位 N/m 或 kN/m。图 5.3（c）中吊车

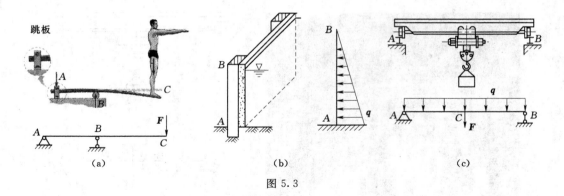

图 5.3

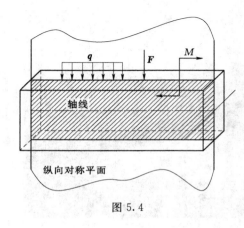

图 5.4

梁的重力用均布载荷 q 表示，电葫芦对梁的压力可简化为集中力 F。

计算简图中对梁支座的简化，主要根据每个支座对梁的约束情况来确定。一般可简化为固定铰支座、活动铰支座和固定端支座三种。

支座反力可以根据静力平衡方程求出的梁称为静定梁。由静力学方程不可求出支反力或不能求出全部支反力的梁称为非静定梁。梁两个支座之间的长度称为跨度。根据梁的支承情况，静定梁可以分为三种基本形式：

（1）简支梁：梁的一端为固定铰支座，另一端为活动铰支座，如图 5.5（a）所示。

（2）外伸梁：梁由固定铰支座和活动铰支座支承，梁的一端或两端伸出支座之外，如图 5.5（b）所示。

（3）悬臂梁：梁的一端为固定端，另一端为自由端，如图 5.5（c）所示。

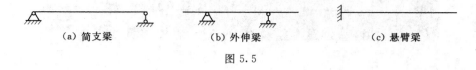

（a）简支梁　　　　　　（b）外伸梁　　　　　　（c）悬臂梁

图 5.5

梁是实际工程中常用到的构件，而且往往是结构中的主要构件。下面将先后讨论梁的内力、应力和变形情况。

5.1.2.2　梁弯曲时的内力计算

确定了梁上所有的载荷和支座反力后，为计算梁的应力和变形，必须首先确定梁的内力。下面研究横截面上的内力，采用截面法。

梁在外力作用下，其任一横截面上的内力可用截面法来确定。如图 5.6（a）所示简支梁在外力作用下处于平衡状态，现分析距 A 端为 x 处横截面 m—m 上的内力。

按截面法在横截面 m—m 处假想地将梁分为两段，因为梁原来处于平衡状态，被截出的一段梁也应保持平衡状态。如果取左段为研究对象，则右段梁对左段梁的作用以截开面上的内力来代替。左、右段梁要保持平衡，在其右端横截面 m—m 上，存在两个内力分量：力 Q 和力偶矩 M。内力 Q 与截面相切，称为剪力，内力偶矩 M 称为弯矩，如图 5.6（b）、（c）所示。

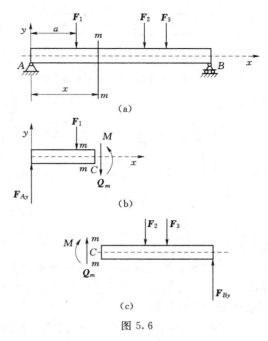

图 5.6

无论是取出左段还是右段（选取一个就可以计算出截面 m—m 上的内力），所取的研究对象仍处于平衡状态，那么所受的力也必将满足平衡方程。由此可计算出 m—m 截面上的剪力和弯矩，包括剪力和弯矩大小、方向或转向。

如果取左段为研究对象，根据平衡可得

$$\sum F_y = 0, \ F_{Ay} - Q_m = 0, \ Q_m = F_{Ay}$$

$$\sum M_C(F) = 0, \ M_m - F_{Ay}x = 0, \ M_m = F_{Ay}x$$

注意：上面第二个式子是把所有外力和内力对研究对象的截面 m—m 的形心 C 取矩，截面 m—m 上的剪力对形心 C 的力臂为零，所以方程中无此项。

为了使左右两段在同一截面上的内力正负号相同，同时也为了计算方便，通常对剪力 Q 和弯矩 M 的正负号作如下规定：

剪力 Q：使微段梁的左侧截面向上、右侧截面向下错动时，即截面剪力绕微段梁顺时针转动时，剪力为正；反之，剪力为负。

弯矩 M：使微段梁的下侧受拉时，弯矩为正；反之，弯矩为负。

或将此规则归纳为一简单的口诀："顺转，剪力为正；下侧拉伸，弯矩为正。"见图 5.7。

综上所述，可将计算剪力和弯矩的方法概括如下：

（1）计算梁的支座反力（只有外力已知才能计算出内力）。

（2）在需要计算内力的横截面处，用假设截面将梁截开，并任取一段作为研究对象。

（3）画出所选梁段的受力图，图中剪力 Q 和弯矩 M 需要按正方向假设。

（4）由静力平衡方程 $\sum F_y = 0$ 计算剪力 Q。

（5）由静力平衡方程 $\sum M_C(F) = 0$ 计算弯矩 M。

5.1 ⑦

弯曲变形内力的正负号规定

91

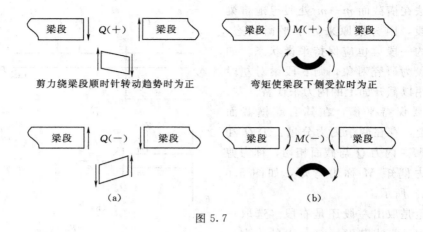

剪力绕梁段顺时针转动趋势时为正　　　　弯矩使梁段下侧受拉时为正

（a）　　　　　　　　　　　　　　　　（b）

图 5.7

5.1.2.3 剪力图和弯矩图

以上计算了指定截面的剪力和弯矩，但是为了分析和解决梁的强度和刚度问题，还必须知道剪力和弯矩沿梁轴线的变化规律，从而找到最大内力对应的截面，以便解决梁的设计等计算问题。

为了描述横截面上的剪力和弯矩随截面位置变化的规律，可以用坐标 x 表示横截面沿梁轴线的位置，将梁各横截面上的剪力和弯矩表示为坐标 x 的函数，即

$$Q = Q(x)$$
$$M = M(x)$$

这两个函数表达式称为剪力方程和弯矩方程。

为了更清晰地表明梁各横截面上的剪力和弯矩沿梁轴线的变化情况，在设计计算中常把横截面上的剪力和弯矩用图形来表示。取一平行于梁轴线的横坐标 x，表示横截面的位置，以纵坐标表示各对应横截面上的剪力和弯矩，画出剪力和弯矩随 x 变化的曲线。这样得出的图形叫作梁的剪力图和弯矩图，简称 Q 图和 M 图。

绘图时一般规定正号的剪力画在 x 轴的上侧，负号的剪力画在 x 轴的下侧；正弯矩画在 x 轴下侧，负弯矩画在 x 轴上侧，即把弯矩画在梁受拉的一侧。

利用剪力方程和弯矩方程作剪力图、弯矩图的步骤：

（1）计算梁的支座反力。

（2）分段，在集中力（包括支座反力），集中力偶作用处，及分布荷载的两端处分段。

（3）采用截面法列出各段的剪力方程和弯矩方程。

（4）根据剪力方程和弯矩方程，作出相应的剪力图和弯矩图。

（5）确定最大剪力和最大弯矩及所在截面。

5.1.2.4 梁弯曲时的内力计算

利用荷载集度、剪力和弯矩的微分关系有利于了解原计算简图、剪力图和弯矩图之间的关系，掌握图形之间的规律，可以简便、快速、准确地画出剪力图和弯矩图。以图 5.8 中简支梁为例，

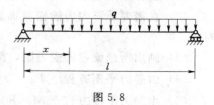

图 5.8

梁上作用有均布荷载 q，其剪力方程和弯矩方程分别为

$$Q = \frac{ql}{2} - qx$$

$$M = \frac{ql}{2} \cdot x - \frac{q}{2}x^2$$

如果将弯矩对 x 求一阶导数，得 $\dfrac{\mathrm{d}M}{\mathrm{d}x} = \dfrac{ql}{2} - qx = Q$，其结果就是剪力。

如果将剪力对 x 求一阶导数，得 $\dfrac{\mathrm{d}Q}{\mathrm{d}x} = -q$，其结果就是分布荷载的集度。这一关系普遍存在于其他情况的梁。即

$$\frac{\mathrm{d}Q}{\mathrm{d}x} = q, \qquad \frac{\mathrm{d}M}{\mathrm{d}x} = Q, \qquad \frac{\mathrm{d}^2 M}{\mathrm{d}x^2} = q$$

这种微分关系说明：剪力图中曲线上某点切线的斜率等于梁上对应点处的荷载集度；弯矩图中曲线上某点切线的斜率等于梁在对应截面上的剪力。

根据上述关系，可以得到荷载、剪力图和弯矩图三者之间的关系（表5.1）。

剪力图和弯矩图有以下规律：

（1）梁上没有分布荷载的区段，剪力图为水平线；弯矩图为斜直线。

（2）有均布荷载的一段梁内，剪力图为倾斜直线；弯矩图为二次抛物线。

（3）在集中力作用处，剪力图有突变，突变值即为该处的集中力的大小，当剪力图由左向右绘制时，突变方向与集中力指向一致，即集中力向下，向下突变；反之，则向上突变；弯矩图在此有一折角。

（4）在集中力偶作用处，剪力图没有变化，弯矩图有突变，突变值即为该处的集中力偶的大小。

（5）同一区段内（有分布载荷或无分布载荷），任两个截面的弯矩的差值等于这两个截面之间剪力图围成的面积。

5.1.2.5　用叠加法画弯矩图

在小变形的情况下，梁在几个荷载共同作用下产生的内力等于各荷载单独作用下产生的内力的代数和。这样就可以先求出单个荷载作用下的内力（剪力和弯矩），然后将对应位置的内力相加，即可得到几个荷载共同作用下的内力，这种方法称为叠加法。画剪力图和弯矩图时也可以用叠加法。

5.1.3　学习任务解析——吊车横梁的内力分析

根据本任务的相关知识，5.1.1 任务引导中吊车梁的计算简图含有集中力和均布荷载两种荷载，如图 5.9 所示，（a）图可由（b）图和（c）图叠加得到。利用叠加法，分别作出两种荷载下的弯矩图，如图 5.9 中的（e）图和（f）图，叠加后得到（d）图，即为原吊车梁的弯矩图，最大弯矩发生在中点 C 处，为 $ql^2/8 + Fl/4$。

表 5.1　梁上荷载的剪力图和弯矩图

	无均布荷载段	有均布荷载段	集　中　力		集　中　力　偶	
内力图	$q = 0$	q（均布荷载）	F	F	m	m
剪力图	水平线	斜直线　为零处	向下突变（由左向右观察）	向上突变（由左向右观察）	无变化	无变化
弯矩图	斜直线	抛物线　有极值（抛物线顶点）	向下尖角	向上尖角	向上突变（由左向右观察）	向下突变（由左向右观察）

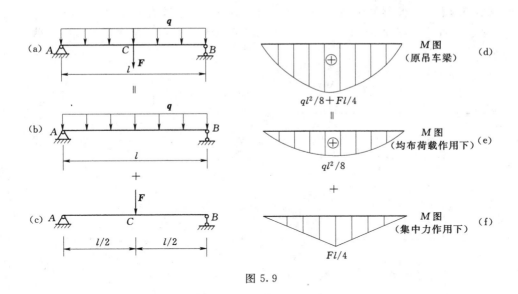

图 5.9

【例 5.1】 如图 5.10 所示简支梁，在点 C 处作用一集中力 $F = 10\text{kN}$，求截面 $n—n$ 上的剪力和弯矩。

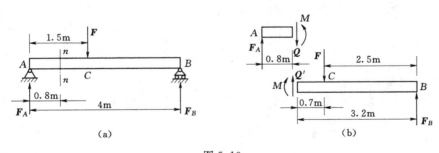

图 5.10

解：(1) 求梁的支座反力。

由 $$\sum M_A = 0, \quad 4F_B - 1.5F = 0$$

解得 $$F_B = 3.75\text{kN}$$

由 $$\sum F_y = 0, \quad F_A + F_B - F = 0$$

解得 $$F_A = 6.25\text{kN}$$

(2) 求截面 $n—n$ 的内力。

取左段 $$Q = F_A = 6.25\text{kN}$$

$$M = F_A \times 0.8 = 5 (\text{kN} \cdot \text{m})$$

取右段 $$Q = F - F_B = 6.25 (\text{kN})$$

$$M = F_B \times (4 - 0.8) - F \times (1.5 - 0.8) = 5 (\text{kN} \cdot \text{m})$$

【**例 5.2**】 外伸梁受荷载作用如图 5.11 (a) 所示。图中截面 1—1 和 2—2 都无限接近于截面 A，截面 3—3 和 4—4 也都无限接近于截面 D。求图示各截面的剪力和弯矩。

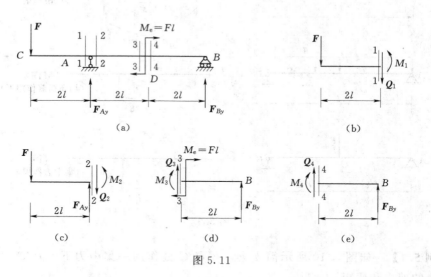

图 5.11

解：(1) 根据平衡条件求约束反力：

$$F_{Ay} = \frac{5}{4}F, \quad F_{By} = -\frac{1}{4}F$$

(2) 求截面 1—1 的内力。

用截面 1—1 截取左段梁为研究对象，其受力如图 5.11 (b) 所示。由平衡方程

$$\sum F_y = 0, \quad -F - Q_1 = 0, \quad Q_1 = -F$$

$$\sum M = 0, \quad 2Fl + M_1 = 0, \quad M_1 = -2Fl$$

(3) 求截面 2—2 的内力。

用截面 2—2 截取左段梁作为研究对象，如图 5.11 (c) 所示。

$$\sum F_y = 0, \quad F_{Ay} - F - Q_2 = 0,$$

得

$$\frac{5F}{4} - F - Q_2 = 0, \quad Q_2 = \frac{F}{4}$$

$$\sum M = 0, \quad 2Fl + M_2 = 0, \quad M_2 = -2Fl$$

(4) 求截面 3—3 的内力。

用截面 3—3 截取右段梁作为研究对象，如图 5.11 (d) 所示。

$$\sum F_y = 0, \quad F_{By} + Q_3 = 0,$$

得 $$-\frac{F}{4}+Q_3=0,\ Q_3=\frac{F}{4}$$

$$\sum M=0,\ -M_e-M_3+2F_{By}l=0,\ M_3=-\frac{3}{2}Fl$$

（5）求截面 4—4 的内力。

用截面 4—4 截取右段梁为研究对象，如图 5.11（e）所示。

$$\sum F_y=0,\ F_{By}+Q_4=0,$$

得 $$-\frac{F}{4}+Q_4=0,\ Q_4=\frac{F}{4}$$

$$\sum M=0,\ -M_4+2F_{By}l=0,\ M_4=-\frac{1}{2}Fl$$

分析：比较截面 1—1 和 2—2 的内力发现，在集中力左右两侧无限接近的横截面上弯矩相同，而剪力不同，剪力相差的数值等于该集中力的值。也就是说在集中力的两侧截面剪力发生了突变，突变值等该集中力的值。弯矩相同。

比较截面 3—3 和 4—4 的内力，在集中力偶两侧横截面上剪力相同，而弯矩发生了突变，突变值就等于集中力偶的力偶矩。

比较截面 2—2 和 3—3 的内力，剪力相同，弯矩不同。

在集中力作用截面处，应分左、右截面计算剪力；在集中力偶作用截面处也应分左、右截面计算弯矩。

【例 5.3】　如图 5.12（a）所示简支梁，已知 $q=12.5\times10^4\text{N/m}$，求简支梁跨度中点 E、C 左截面和 C 右截面上的弯矩和剪力。（图中尺寸单位为：mm）

解：（1）以整体为研究对象，受力分析如图 5.12（a）所示，由于整个构件和受力均为对称，可知

$$F_A=F_B=\frac{1}{2}\times(12.5\times10^4\times2\times400\times10^{-3})=5\times10^4=50(\text{kN})$$

（2）计算 C 左截面的内力。

取 C 左截面的左段为研究对象，受力分析如图 5.12（b）所示，有

$$\sum F_y=0,\ F_A-Q_{C左}=0,\ Q_{C左}=50\text{kN}$$

$$\sum M=0,\ M_{C左}-F_A\times430\times10^{-3}=0,\ M_{C左}=21.5\text{kN}\cdot\text{m}$$

（3）计算 C 右截面的内力。

取 C 右截面的左段为研究对象，受力分析如图 5.12（c）所示，有

$$\sum F_y=0,\ F_A-Q_{C右}=0,\ Q_{C右}=50\text{kN}$$

$$\sum M=0,\ M_{C右}-F_A\times430\times10^{-3}=0,\ M_{C右}=21.5\text{kN}\cdot\text{m}$$

（4）计算截面 E 的内力。

取截面 E 的左段为研究对象，受力分析如图 5.12（d）所示，有

$$\sum F_y = 0, \quad F_A - 12.5 \times 10^4 \times 0.4 - Q_E = 0, \quad Q_E = 0$$

$$\sum M = 0, \quad M_E + 12.5 \times 10^4 \times 0.4 \times 0.2 - F_A \times 0.83 = 0$$

$$M_E = 31.5 \text{kN} \cdot \text{m}$$

【**例 5.4**】 如图 5.13（a）所示，悬臂梁受集中力 F 作用，试作此梁的剪力图和弯矩图。

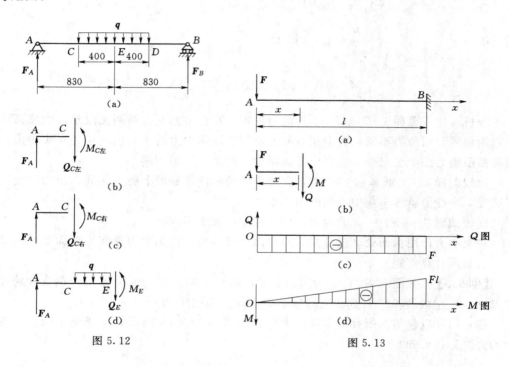

图 5.12   图 5.13

解：（1）列剪力方程和弯矩方程。

以梁左端 A 点为 x 轴坐标原点，如图 5.13（b）所示。于是剪力方程和弯矩方程分别为

$$Q(x) = -F \qquad (0 < x < l) \tag{a}$$

$$M(x) = -Fx \qquad (0 \leqslant x < l) \tag{b}$$

（2）作剪力图和弯矩图。

式（a）表明，剪力图是一条平行于 x 轴的直线，且位于 x 轴下方，如图 5.13（c）所示。式（b）表明，弯矩图是一条倾斜直线，只需确定梁上两端点弯矩值，便可画出弯矩图。由式（b）可知，当 $x = 0$ 时，$M_A = 0$；当 $x = l$ 时，$M_B = -Fl$。画出的弯矩图如图 5.13（d）所示。

由剪力图和弯矩图可知，剪力在全梁各截面都相等，在梁右端的固定端截面上，弯矩的绝对值最大，所以有

$$|Q|_{\max} = F$$

$$|M|_{\max} = Fl$$

画图时应将剪力图、弯矩图与计算简图的相应位置对齐，并注明图名（Q 图或 M 图）、控制点值及正负号。

【例 5.5】 简支梁受均布荷载作用，如图 5.14（a）所示，试作此梁的剪力图和弯矩图。

解：（1）求约束反力。

由对称关系，可得

$$F_{Ay} = F_{By} = \frac{1}{2}ql$$

（2）列剪力方程和弯矩方程。

以梁左端 A 点为坐标原点，如图 5.14（b）所示，则

$$Q(x) = F_{Ay} - qx = \frac{1}{2}ql - qx \qquad (0 < x < l) \tag{a}$$

$$M(x) = F_{Ay}x - \frac{1}{2}qx^2 = \frac{1}{2}qlx - \frac{1}{2}qx^2 \qquad (0 \leqslant x \leqslant l) \tag{b}$$

（3）作剪力图和弯矩图。

由式（a）知，剪力图是一条倾斜直线，只需确定两点即可。

当 $x = 0$ 时，$Q_{A右} = ql/2$；当 $x = l$ 时，$Q_{B左} = -ql/2$。

根据这两个截面的剪力值，画出剪力图，如图 5.14（c）所示。习惯上在作剪力图和弯矩图时，常省去坐标轴，只画出构件轴线与 Q 图或 M 图线围成的图形。

由式（b）知，弯矩图为一条二次抛物线，由式（b）求出 x 和 M 的一些对应值后，即作出梁的弯矩图，如图 5.14（d）所示。

由剪力图和弯矩图可以看出，最大剪力发生在梁端，其值为 $Q_{\max} = \frac{1}{2}ql$，而最大弯矩发生在跨中，它的数值为 $M_{\max} = \frac{1}{8}ql^2$，而此截面上的剪力 $Q = 0$。

【例 5.6】 简支梁受集中力 F 的作用，如图 5.15（a）所示，试作此梁的剪力图和弯矩图。

解：（1）求约束反力。

由梁整体平衡得

$$\sum M_A = 0, \quad F_{By} = \frac{Fa}{l}$$

$$\sum M_B = 0, \quad F_{Ay} = \frac{Fb}{l}$$

（2）列剪力方程和弯矩方程。

梁在 C 处有集中力作用，故 AC 段和 CB 段的剪力方程和弯矩方程不相同，必须分段列出。AC 段和 BC 段均以 A 处为坐标原点，分别在 AC 段和 BC 段距左端为 x 处取一横截面，列出剪力方程和弯矩方程。

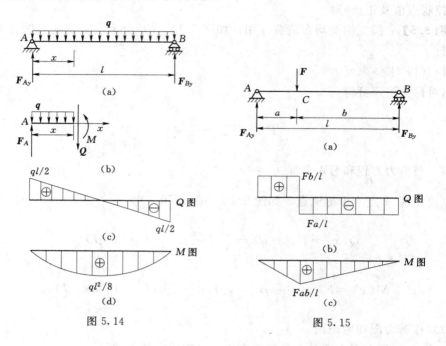

图 5.14　　　　　　　　　　　图 5.15

AC 段：

$$Q(x) = F_{Ay} = \frac{Fb}{l} \quad (0 < x < a) \tag{a}$$

$$M(x) = F_{Ay}x = \frac{Fb}{l}x \quad (0 \leqslant x \leqslant a) \tag{b}$$

CB 段：

$$Q(x) = F_{Ay} - F = \frac{Fb}{l} - F = -\frac{Fa}{l} \quad (a < x < l) \tag{c}$$

$$M(x) = F_{Ay}x - F(x-a) = \frac{Fa}{l}(l-x) \quad (a \leqslant x \leqslant l) \tag{d}$$

（3）作剪力图和弯矩图。

由式（a）、式（c）知，两段梁的剪力图均为平行于 x 轴的直线；由式（b）、式（d）知，两段梁的弯矩图都是倾斜直线。据方程绘出的剪力图和弯矩图如图 5.15（b）、（c）所示。

从剪力图中可见，在集中作用点 C 稍左的截面上 $Q_{C左} = \frac{Fb}{l}$；C 点稍右的截面上

$Q_{C右}=\dfrac{-Fa}{l}$。可见，剪力图在集中力作用截面处发生突变，其突变值为

$\left|Q_{C右}-Q_{C左}\right|=\left|-\dfrac{Fa}{l}-\dfrac{Fb}{l}\right|=F$，即等于该集中力的大小；而弯矩图在截面 C 处发生转折。

【例 5.7】　简支梁受集中力偶作用，如图 5.16（a）所示，试作此梁的剪力图和弯矩图。

解：（1）求约束反力。

由平衡方程得

$$F_{Ay}=\frac{M_e}{l},\quad F_{By}=\frac{M_e}{l}$$

（2）列剪力方程和弯矩方程。

在梁的 C 截面有集中力偶 M_e 作用，分两段列方程。以 A 点为坐标原点，则

AB 段：$Q(x)=\dfrac{M_e}{l}\quad(0<x<l)$

AC 段：$M(x)=F_{Ay}x=\dfrac{M_e}{l}x\quad(0\leqslant x<a)$

CB 段：$M(x)=F_{Ay}x-M_e=\dfrac{M_e}{l}x-M_e\quad(a<x\leqslant l)$

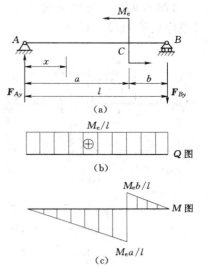

图 5.16

根据上面方程绘出剪力图和弯矩图，分别如图 5.16（b）、（c）所示。

由弯矩图可以看出，在集中力偶 M_e 的作用点 C 处，弯矩图发生突变，突变值为

$\left|M_{C右}-M_{C左}\right|=\left|-\dfrac{M_e}{l}b-\dfrac{M_e}{l}a\right|=M_e$，即等于该集中力偶的力偶矩。

【例 5.8】　简支梁如图 5.17（a）所示，试用荷载集度、剪力和弯矩间的微分关系作此梁的剪力图和弯矩图。

解：（1）求约束反力。

由平衡方程 $\sum M_B=0$ 和 $\sum M_A=0$ 得

$$F_{Ay}=15\text{kN}(\uparrow),\ F_{By}=15\text{kN}(\uparrow)$$

（2）画 Q 图。

各控制点处的 Q 值如下：$Q_{A右}=Q_{C左}=15\text{kN}$，$Q_{C右}=Q_D=5\text{kN}$，$Q_{B左}=-15\text{kN}$

画出 Q 图如图 5.17（b）所示，从图中容易确定 Q＝0 的截面位置。

（3）画 M 图。

各控制点处的弯矩值如下：

$$M_A=0,\ M_C=15\times2=30(\text{kN}\cdot\text{m})$$

$$M_{D左}=15\times4-10\times2=40(\text{kN}\cdot\text{m})$$

$$M_{D右} = 15 \times 4 - 10 \times 2 - 20 = 20(\text{kN} \cdot \text{m})$$

$$M_B = 0$$

在 $Q=0$ 截面 E 弯矩有极值：$M_E = 22.5\text{kN} \cdot \text{m}$

画出弯矩图如图 5.17（c）所示。

【**例 5.9**】　一外伸梁如图 5.18（a）所示。试用荷载集度、剪力和弯矩间的微分关系作此梁的 Q、M 图。

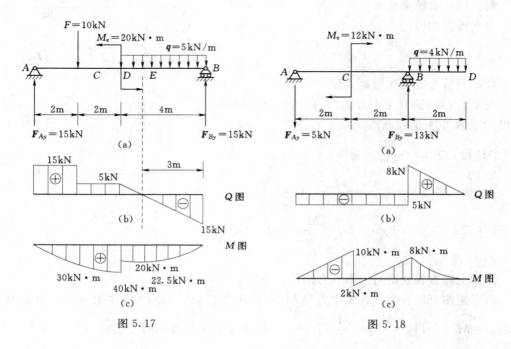

图 5.17

图 5.18

解：（1）求约束力。

由平衡方程 $\sum M_B = 0$ 和 $\sum M_A = 0$，得

$$F_{Ay} = 5\text{kN}（\downarrow），F_{By} = 13\text{kN}（\uparrow）$$

（2）画剪力图。

根据梁上荷载情况，将梁分为 AC、CB、BD 三段。

ACB 段：段内有一集中力偶，集中力偶剪力无变化，因此 Q 图为一水平直线，只需确定此段内任一截面上的 Q 值即可。

$$Q_{A右} = Q_C = Q_{B左} = -5\text{kN}$$

BD 段：段内有向下的均布荷载，Q 图为右下斜直线。

$$Q_{B右} = 8\text{kN}，Q_D = 0$$

根据分析和计算结果，作梁的剪力图如图 5.18（b）所示。

（3）画弯矩图。

AC 段：段内无荷载作用且 $Q<0$，故 M 图为一右上斜直线。

$$M_A=0, \quad M_{C左}=-5\times2=-10(\text{kN}\cdot\text{m})$$

CB 段：段内无荷载作用且 $Q<0$，故 M 图为一右上斜直线，在 C 处弯矩有突变。

$$M_{C右}=-5\times2+12=2(\text{kN}\cdot\text{m}), \quad M_B=-8\text{kN}\cdot\text{m}$$

BD 段：段内有向下均布荷载，M 图为下凸抛物线，确定此段三个截面处弯矩值可确定抛物线的大致形状。

$$M_D=0$$

根据分析和计算结果，作梁的弯矩图如图 5.18（c）所示。

以上两例用简化方法说明作内力图的过程。熟练掌握后，可以方便直接作图。

【例 5.10】 简支梁所受荷载如图 5.19（a）所示，试用叠加法作 M 图。

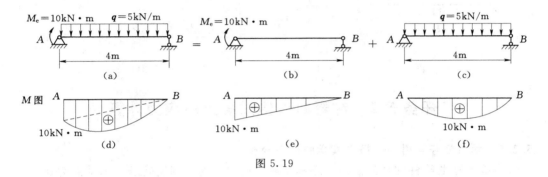

图 5.19

解：（1）荷载分解。

先将简支梁上的荷载分解成力偶和均布荷载单独作用在梁上，如图 5.19（b）、（c）所示。

（2）作分解荷载的弯矩图，如图 5.19（e）、（f）所示。

（3）叠加作力偶和均布荷载共同作用下的弯矩图。

先作出（e）图，以该图的斜直线为基线，叠加上（f）图中各处的相应纵坐标，得图 5.19（d）即为所求弯矩图。

注意：弯矩图的叠加，不是两个图形的简单叠加，而是对应点处纵坐标的相加。

【例 5.11】 用叠加法作如图 5.20（a）所示梁的弯矩图。

解：F_1、F_2 单独作用时产生的弯矩图分别如图 5.20（b）、（c）所示，然后将此二弯矩图对应的纵坐标代数相加，便可作出由 F_1、F_2 共同作用时梁的弯矩图，如图 5.20（d）所示。

【例 5.12】 用叠加法作图 5.21（a）所示梁的弯矩图。

解：M_0、q 单独作用时产生的弯矩图分别如图 5.21（b）、（c）所示，叠加时可先将 M_{m0} 图画上，然后以其斜直线为基础，作 M_q 图的对应纵坐标，异号的弯矩值相抵消，使得图 5.21（d）所示的阴影部分，即为梁的弯矩图。

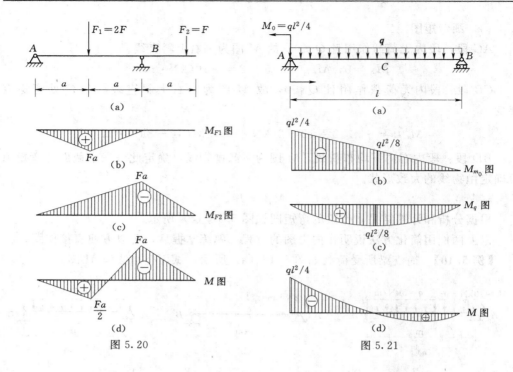

图 5.20

图 5.21

任务 5.2 纯弯曲时横截面上的应力计算

5.2.1 学习任务导引——吊车横梁的应力分析

掌握了弯曲杆件的截面内力，还不能解决梁的强度和刚度问题，承载能力还与杆件截面几何尺寸、材料等有关，了解梁横截面上的内力分布规律及大小也是非常重要的。单位面积上的内力即为应力，那么梁横截面上的应力是怎样的呢？梁在横向力作用下，其横截面上不仅有正应力，还有剪应力。

图 5.9（a）所示的吊车计算简图，如果吊车梁采用 36b 工字钢，跨度 $l = 8\text{m}$，$F = 60\text{kN}$，那么该梁最大拉应力和最大压应力的值是多少？发生在什么位置？

下一小节的学习内容里给出弯曲梁构件的正应力分布和大小，可以帮助我们解决这个问题。

5.2.2 学习内容

5.2.2.1 平面图形的几何性质

构件在外力作用下产生的应力和变形，都与构件的截面形状和尺寸有关。反映截面形状和尺寸的某些性质，如拉伸时遇到的截面面积、扭转时遇到的极惯性矩和弯曲变形时遇到的惯性矩、抗弯截面系数等，统称为截面的几何性质。为了计算弯曲应力和变形，需要知道截面的一些几何性质。现在来讨论截面的一些主要的几何性质。

1. 形心和静矩

若截面形心的坐标为 y_C 和 z_C（C 为截面形心），如图 5.22 所示，将面积的每一部分看成平行力系，即看成等厚、均质薄板的重力，根据合力矩定理可得形心坐标公式

5.2 ⊘

截面几何性质

$$z_C = \frac{\int_A z\,dA}{A}, \quad y_C = \frac{\int_A y\,dA}{A} \tag{5.1}$$

静矩又称面积矩。其定义如下，在图 5.22 中任意截面内取一点 $M(z, y)$，围绕 M 点取一微面积 dA，微面积对 z 轴的静矩为 $y\,dA$，对 y 轴的静矩为 $z\,dA$，则整个截面对 z 和 y 轴的静矩分别为

$$S_z = \int_A y\,dA, \quad S_y = \int_A z\,dA \tag{5.2}$$

由形心坐标公式

$$\int_A y\,dA = A y_C, \quad \int_A z\,dA = A z_C$$

可知：

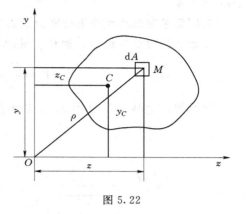

图 5.22

$$S_z = \int_A y\,dA = A y_C, \quad S_y = \int_A z\,dA = A z_C \tag{5.3}$$

式中：y_C 和 z_C 为截面形心 C 的坐标；A 为截面面积。当截面形心的位置已知时可以用上式来计算截面的静矩。

从上面可知，同一截面对不同轴的静矩不同，静矩可以是正负或是零；静矩的单位是长度的立方，用 m^3 或 cm^3、mm^3 等表示；当坐标轴过形心时，截面对该轴的静矩为零。

当截面由几个规则图形组合而成时，截面对某轴的静矩，应等于各个图形对该轴静矩的代数和。其表达式为

$$S_z = \sum_{i=1}^{n}(A_i y_{Ci}), \quad S_y = \sum_{i=1}^{n}(A_i z_{Ci}) \tag{5.4}$$

而截面形心坐标公式也可以写成

$$z_C = \frac{\sum(A_i y_{Ci})}{\sum A_i}, \quad y_C = \frac{\sum(A_i z_{Ci})}{\sum A_i} \tag{5.5}$$

式中：y_C 和 z_C 为整个图形的形心坐标；y_{Ci} 和 z_{Ci} 为第 i 块简单图形的形心坐标；A_i 为第 i 块简单图形的面积。

2. 惯性矩和极惯性积

在图 5.22 中任意截面上选取一微面积 dA，则微面积 dA 对 z 轴和 y 轴的惯性矩为 $y^2\,dA$ 和 $z^2\,dA$。则整个面积对 z 轴和 y 轴的惯性矩分别记为 I_z 和 I_y，而惯性积记为 I_{zy}，则定义：

$$I_z = \int_A y^2\,dA, \quad I_y = \int_A z^2\,dA \tag{5.6}$$

$$I_{zy} = \int_A zy\,dA \tag{5.7}$$

极惯性矩定义为

$$I_\rho = \int_A \rho^2\,dA = \int_A (z^2 + y^2)\,dA = I_z + I_y \tag{5.8}$$

　　从上面可以看出，惯性矩总是大于零，因为坐标的平方总是正数，惯性积可以是正、负或零；惯性矩、惯性积和极惯性矩的单位都是长度的四次方，用 m^4 或 cm^4、mm^4 等表示。

　　常用简单图形的惯性矩计算公式如下：

　　矩形截面对其对称轴 z 轴和 y 轴的惯性矩（图 5.23）为

$$I_z = \frac{bh^3}{12}, \quad I_y = \frac{hb^3}{12} \tag{5.9}$$

　　圆形截面对过形心 O 的 z、y 轴的惯性矩（图 5.24）为

$$I_z = I_y = \frac{\pi D^4}{64} \tag{5.10}$$

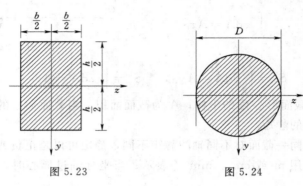

图 5.23　　　　　　　　　　　图 5.24

　　圆环截面对过形心 O 的 z、y 轴的惯性矩为

$$I_z = I_y = \frac{\pi}{64}(D^4 - d^4) = \frac{\pi}{64}D^4(1 - \alpha^4) \tag{5.11}$$

　　其中圆环截面外直径为 D，内直径为 d，而 $\alpha = \dfrac{d}{D}$。

3. 惯性半径

　　工程中把截面对某轴的惯性矩与截面面积比值的算术平方根定义为截面对该轴的惯性半径，用 i 来表示。

$$i = \sqrt{\frac{I}{A}}$$

　　例如，圆截面对过形心 O 的 z 轴的惯性半径为

$$i_z = \sqrt{\frac{I_z}{A}} = \sqrt{\frac{\pi D^4/64}{\pi D^2/4}} = \frac{D}{4}$$

　　图 5.23 中矩形截面对 z 轴的惯性半径为

$$i_z = \sqrt{\frac{I_z}{A}} = \sqrt{\frac{bh^3/12}{bh}} = \frac{h}{2\sqrt{3}}$$

　　对 y 轴的惯性半径为 $\qquad i_y = \sqrt{\dfrac{I_y}{A}} = \sqrt{\dfrac{hb^3/12}{bh}} = \dfrac{b}{2\sqrt{3}}$

4. 平行移轴定理

同一截面对不同的平行轴的惯性矩不同。如图5.25所示任意截面过形心C有平行于z'、y'的两个坐标轴z和y，已知截面对形心轴z、y轴的惯性矩为I_z、I_y，该截面在$Oz'y'$坐标系下形心坐标为$C(a,b)$。因此，z'轴与z轴平行且距离为a，y'轴与y轴平行且距离为b。该截面对z'轴和y'轴的惯性矩分别为$I_{z'}$、$I_{y'}$，可以通过下面的平行移轴公式计算得到：

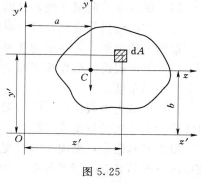

$$\begin{aligned} I_{z'} &= I_z + b^2 A \\ I_{y'} &= I_y + a^2 A \end{aligned} \tag{5.12}$$

图5.25

5.1　弯曲变形杆件的应力

5.2　弯曲应力

5.2.2.2　纯弯曲时梁横截面上的应力计算

1. 纯弯曲的概念

梁在荷载作用下，横截面上一般都有弯矩和剪力，相应地在梁的横截面上有正应力和剪应力。弯矩是垂直于横截面的分布内力的合力偶矩，而剪力是切于横截面的分布内力的合力。所以，弯矩只与横截面上的正应力σ相关，而剪力只与剪应力τ相关。下面研究正应力σ和剪应力τ的分布规律，从而对平面弯曲梁的强度进行计算。

平面弯曲情况下，一般梁横截面上既有弯矩又有剪力，如图5.26所示梁的AC、DB段。而在CD段内，梁横截面上剪力等于零，而只有弯矩，这种情况称为纯弯曲。在研究梁横截面上正应力的分布规律时，为公式推导的方便，选取纯弯曲梁作为研究对象。

2. 梁横截面上的正应力计算公式

首先，通过实验观察梁的变形情况。取出图5.26中梁的CD段作为研究对象。未加载前在其表面画上平行于梁轴线的纵向线和垂直于梁轴线的横向线，如图5.27所示，在梁的两端施加一对位于梁纵向对称轴面内的力偶，则梁发生纯弯曲。

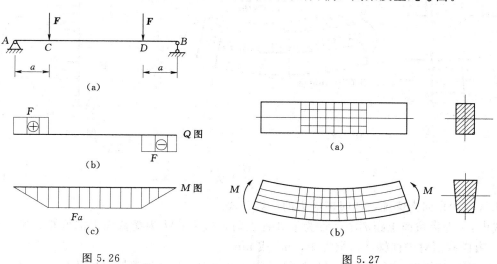

图5.26

图5.27

通过梁的纯弯曲实验可观察到如下现象：

（1）纵向线弯曲成曲线，其间距不变。

（2）横向线仍为直线，且和纵向线正交，横向线间相对地转过一个微小的角度。

根据上述现象，可对梁的变形提出假设：

（1）平面假设：梁在纯弯曲变形时，各横截面始终保持为平面，仅绕某轴转过了一个微小的角度。

（2）单轴受力假设：设梁由无数条纵向纤维组成，则在梁的变形过程中，这些纵向纤维处于单向受拉或受压状态。

根据平面假设，纵向纤维的变形沿高度方向应该是连续变化的，所以从伸长区到缩短区，中间必有一层纤维既不伸长也不缩短，这层纤维层称为中性层，如图 5.28 所示。中性层与横截面的交线称为中性轴，用 z 表示。纯弯曲时，梁的横截面绕中性轴 z 转过一微小的角度。

综上所述，梁在纯弯曲时横截面上的应力分布有如下特点：

（1）中性轴上的线应变为零，所以其正应力也为零。

（2）距中性轴距离相等的各点，其线应变大小相等。根据胡克定律，它们正应力的绝对值也相等。

（3）在如图 5.27 所示的受力情况下，中性轴上部各点正应力为负值，中性轴下部各点正应力为正值。

（4）正应力沿 y 轴线性分布，如图 5.29 所示。最大正应力（绝对值）发生在中性轴最远的上、下边缘处。

由梁变形的几何关系、物理关系以及静力学关系，可以证明距离中性轴为 y 处点的正应力计算公式为

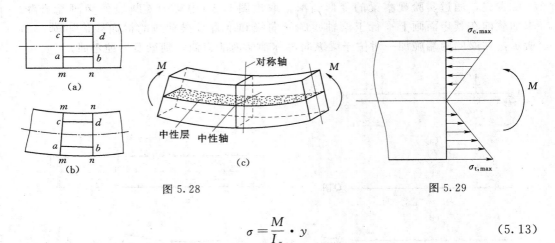

图 5.28　　　　　　　　　　　　　　　图 5.29

$$\sigma = \frac{M}{I_z} \cdot y \qquad (5.13)$$

式（5.13）即为梁纯弯曲时正应力的计算公式。

式中：σ 为横截面上距离中性轴为 y 处各点的正应力；M 为横截面上的弯矩，$N \cdot m$；I_z 为横截面对中性轴 z 的惯性矩，m^4 或 mm^4。

实际使用时，M 和 y 都可以取绝对值，由梁的变形之间判断 σ 的正负。

应该指出，以上公式虽然是纯弯曲的情况下，以矩形梁为例建立的，但对于具有纵向对称面的其他截面形式的梁，如工字形、T 形和圆形截面等梁仍然可以使用。同时，在实际工程中大多数受横向力作用的梁，横截面上都存在剪力和弯矩，但对一般细长梁来说，剪力的存在对正应力分布规律的影响很小。因此，式（5.13）也适用于非纯弯曲情况。

由式（5.13）可知，在 $y=y_{\max}$ 即横截面在距离中性轴最远的各点处，弯曲正应力最大，其值为

$$\sigma_{\max}=\frac{M}{I_z}\cdot y_{\max}=\frac{M}{\dfrac{I_z}{y_{\max}}} \tag{5.14}$$

比值 $I_z/y_{\max}$ 仅与截面的形状与尺寸有关，称为抗弯截面系数，也叫抗弯截面模量，用 W_z 表示，即为

$$W_z=\frac{I_z}{y_{\max}} \tag{5.15}$$

于是，最大弯曲正应力即为

$$\sigma_{\max}=\frac{M}{W_z} \tag{5.16}$$

矩形和圆形截面的抗弯截面系数如下：

矩形截面（高为 h，宽为 b）的 W_z 为

$$W_z=\frac{I_z}{y_{\max}}=\frac{bh^3/12}{h/2}=\frac{bh^2}{6}$$

圆形截面（直径为 D）的 W_z 为

$$W_z=\frac{I_z}{y_{\max}}=\frac{\pi D^4/64}{D/2}=\frac{\pi D^3}{32}$$

圆环形截面（外直径为 D，内直径为 d，$\alpha=\dfrac{d}{D}$）的 W_z 为

$$W_z=\frac{I_z}{y_{\max}}=\frac{\pi D^4(1-\alpha^4)/64}{D/2}=\frac{\pi D^3}{32}(1-\alpha^4)$$

各种型钢的抗弯截面系数 W_z，可由型钢表查得。

5.2.2.3　梁横截面上的剪应力计算简介

当进行平面弯曲梁的强度计算时，一般来说，弯曲正应力是支配梁强度计算的主要因素。但在某些情况下，例如，当梁的跨度很小或在支座附近有很大的集中力作用，这时梁的最大弯矩比较小，而剪力却很大，如果梁截面窄且高或是薄壁截面，这时剪应力可达到相当大的数值，剪应力就不能忽略了。下面介绍几种常见截面上弯曲剪应力的分布规律和计算公式。

1. 矩形截面梁的弯曲剪应力

在横力弯曲时，梁横截面除了由弯矩引起的正应力外，还有由剪力引起的剪应

力。设矩形截面梁的横截面宽度、高度分别为 b、h，横截面上的剪力为 Q，如图 5.30（a）所示。剪应力的分布有如下假设：

（1）横截面上各点处的剪应力方向与 Q 平行。

（2）剪应力沿截面的宽度均匀分布，距中性轴 z 等距离的各点剪应力大小相等。

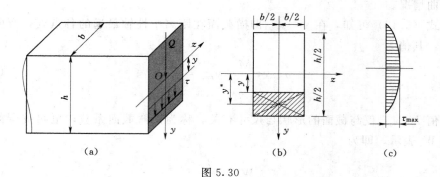

图 5.30

推导可得，距中性轴 y 处的剪应力的计算公式为

$$\tau = \frac{QS_z^*}{I_z b} \tag{5.17}$$

式中：S_z^* 为截面上距中性轴为 y 的横线一侧部分的矩形面积对中性轴的静矩。

由图 5.30（b）可得

$$S_z^* = \int_A y \, \mathrm{d}A = A^* y^* = b\left(\frac{h}{2} - y\right) \times \left(y + \frac{h/2 - y}{2}\right) = \frac{b}{2}\left(\frac{h^2}{4} - y^2\right)$$

将上式及 $I_z = \dfrac{bh^3}{12}$ 代入式（5.17），可得

$$\tau = \frac{3Q}{2bh}\left(1 - \frac{4y^2}{h^2}\right) \tag{5.18}$$

由式（5.18）可知，弯曲剪应力沿截面高度呈抛物线分布，如图 5.30（c）所示。在中性轴上有最大剪应力，其值为

$$\tau_{\max} = \frac{3}{2} \cdot \frac{Q}{A} \tag{5.19}$$

2. 工字形截面梁的弯曲剪应力

工字形截面梁由腹板和翼缘组成，其横截面如图 5.31 所示。中间狭长部分为腹板，上、下扁平部分为翼缘。梁横截面上的剪应力主要分布于腹板上，翼缘部分的剪应力情况比较复杂，数值很小，可以不予考虑。由于腹板比较狭长，因此可以假设：腹板上各点处的弯曲剪应力平行于腹板侧边，并沿腹板厚度均匀分布。腹板的剪应力平行于腹板的竖边，且沿宽度方向均匀分布。根据上述假设，并采用前述矩形截面梁的分析方法，得腹板上 y 处的弯曲剪应力为

$$\tau = \frac{QS_z^*}{I_z b} \tag{5.20}$$

式中：I_z 为整个工字形截面对中性轴 z 的惯性矩；S_z^* 为 y 处横线一侧的部分截面对

该轴的静矩；b 为腹板的厚度。

由图 5.31（a）可以看出，y 处横线以下的截面是由下翼缘部分与部分腹板组成，该截面对中性轴 z 的静矩为

$$S_z^* = \frac{B}{8}(H^2 - h^2) + \frac{b}{2}\left(\frac{h^2}{4} - y^2\right)$$

因此，腹板上 y 处的弯曲剪应力为

$$\tau = \frac{Q}{I_z b}\left[\frac{B}{8}(H^2 - h^2) + \frac{b}{2}\left(\frac{h^2}{4} - y^2\right)\right]$$

$$(5.21)$$

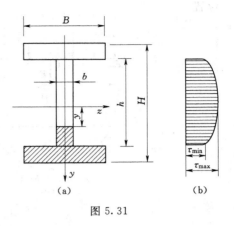

图 5.31

由此可见，腹板上的弯曲剪应力沿腹板高度方向也是呈二次抛物线分布，如图 5.31（b）所示。在中性轴处（$y = 0$），剪应力最大；在腹板与翼缘的交接处（$y = \pm h/2$），剪应力最小，其值分别为

$$\tau_{max} = \frac{Q}{I_z b}\left[\frac{BH^2}{8} - (B - b)\frac{h^2}{8}\right] \quad 或 \quad \tau_{max} = \frac{Q}{\dfrac{I_z}{S^*}b}$$

$$(5.22)$$

$$\tau_{min} = \frac{Q}{I_z b}\left(\frac{BH^2}{8} - \frac{Bh^2}{8}\right)$$

$$(5.23)$$

由以上两式可见，当腹板的宽度 b 远小于翼缘的宽度 B，τ_{max} 与 τ_{min} 实际上相差不大，所以可以认为在腹板上剪应力大致是均匀分布的。可用腹板的截面面积除以剪力 Q，近似地表示腹板的剪应力，即

$$\tau = \frac{Q}{bh}$$

$$(5.24)$$

在工字形截面梁的腹板与翼缘的交接处，剪应力分布比较复杂，而且存在应力集中现象，为了减小应力集中，宜将结合处作成圆角。

5.2.3 学习任务解析——吊车横梁的应力分析

实践和理论都证明，其中弯矩是影响梁的强度和变形的主要因素。所以掌握梁横截面上的正应力特点是工程应用中必要的知识。梁横截面上正应力特点：

（1）梁横截面上正应力的分布规律为：正应力沿截面高度直线分布，沿截面宽度均匀分布，中性轴上的点正应力等于零，离中性轴最远的点取得该截面上正应力的最大值。

（2）正应力的大小与弯矩和截面几何尺寸有关。

（3）另外发生弯曲变形的梁，中性层一侧为拉伸，另一侧为压缩。

【例 5.13】 5.2.1 节学习任务导引中的计算简图和弯矩图如图 5.32 所示，并且已知吊起重物 $F = 60\text{kN}$，跨度 $l = 8\text{m}$，截面为 36b 工字钢，另由型钢表查得 36b 工字钢 $W_z = 919\text{cm}^3$，自重为 $q = 65.7\text{kg/m} = 657\text{N/m}$。试求该梁的最大正应力及其

111

位置。

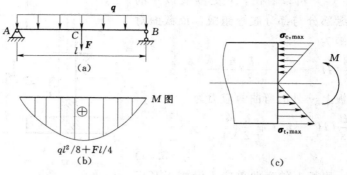

图 5.32

解：（1）计算梁的最大弯矩 M_{max}。

$$M_{max} = \frac{ql^2}{8} + \frac{Fl}{4} = \frac{657 \times 8^2}{8} + \frac{60 \times 10^3 \times 8}{4} = 125.3(kN \cdot m)$$

由弯矩图可知，梁下侧受拉伸，绘制正应力分布图，如图 5.32（c）所示。

（2）计算最大正应力。

根据正应力计算公式有

$$\sigma_{max} = \frac{M_{max}}{W_z} = \frac{125.3 \times 10^3}{919 \times 10^{-6}} = 136.3(MPa)$$

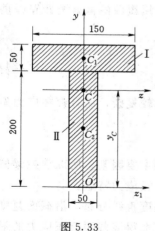

图 5.33

由于工字钢上下对称，$\sigma_{max}^+ = \sigma_{max}^- = 136.3 MPa$。根据应力分布图，最大拉应力发生在 C 截面下边缘点，最大压应力发生在 C 截面上边缘点。

【例 5.14】 某构件的截面形状为 T 形，如图 5.33 所示（单位：mm）。试确定 T 形截面的形心位置。

解：（1）建立参考坐标系。由于图示 T 形截面左右对称，因此形心必然在对称轴上，取对称轴 y 为一个参考轴，只需确定形心的另一个坐标即可。取 z_1 轴为另一个参考轴，参考坐标系为 yOz_1。

（2）将组合截面分割为 2 个简单图形 Ⅰ 和 Ⅱ，如图 5.33 所示。

（3）计算 T 形截面的形心。

$$y_C = \frac{\sum A_i y_i}{\sum A_i} = \frac{A_1 y_{C1} + A_2 y_{C2}}{A_1 + A_2}$$

$$= \frac{50 \times 150 \times 225 + 200 \times 50 \times 100}{50 \times 150 + 200 \times 50}$$

$$= 153.6(mm)$$

$$z_C = 0 \quad (\text{因 } y \text{ 轴为对称轴})$$

则 T 形截面的形心 C 点的坐标为 $(0, 153.6\text{mm})$。

【例 5.15】　计算如图 5.34 所示 T 形截面的形心和过它的形心 z 轴的惯性矩。（单位：mm）

解：（1）确定截面形心位置。

选参考坐标系 $Oz'y$，如图 5.34 所示。将截面分解为上面和下面两个矩形部分，截面形心 C 的纵坐标为

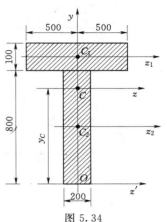

图 5.34

$$
y_C = \frac{\sum A_i y_i}{\sum A_i} = \frac{A_1 y_{C1} + A_2 y_{C2}}{A}
$$

$$
= \frac{1000 \times 100 \times 850 + 200 \times 800 \times 400}{1000 \times 100 + 200 \times 800}
$$

$$
= 573 (\text{mm})
$$

$$
z_C = 0
$$

（2）计算截面对形心轴 z 惯性矩。

利用平行移轴公式，上面矩形与下面矩形对形心轴 z 的惯性矩分别为

$$
I_{z1} = \frac{1}{12} \times 1000 \times 100^3 + 1000 \times 100 \times 277^2 = 7.75 \times 10^9 (\text{mm}^4)
$$

$$
I_{z2} = \frac{1}{12} \times 200 \times 800^3 + 800 \times 200 \times 173^2 = 13.32 \times 10^9 (\text{mm}^4)
$$

$$
I_z = I_{z1} + I_{z2} = 21.1 \times 10^9 (\text{mm}^4)
$$

【例 5.16】　如图 5.35 所示为悬臂梁，自由端承受集中荷载 F 作用，已知：$h = 18\text{cm}$，$b = 12\text{cm}$，$y = 6\text{cm}$，$a = 2\text{m}$，$F = 1.5\text{kN}$。计算 A 截面上 K 点的弯曲正应力。

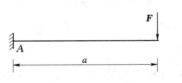

图 5.35

解：先计算截面上的弯矩为

$$M_A = -Fa = -1.5 \times 2 = -3 (\text{kN} \cdot \text{m})$$

截面对中性轴的惯性矩为

$$I_z = \frac{bh^3}{12} = \frac{120 \times 180^3}{12} = 5.832 \times 10^7 (\text{mm}^4)$$

则 $\sigma_K = \dfrac{M_A}{I_z} y = \dfrac{3 \times 10^6}{5.832 \times 10^7} \times 60 = 3.09 (\text{MPa})$

A 截面上的弯矩为负（梁上部分受拉），K 点位于中性轴的上边，所以为拉应力。

【例 5.17】 如图 5.36 所示 T 形截面梁。已知 $F_1 = 8\text{kN}$，$F_2 = 20\text{kN}$，$a = 0.6\text{m}$；横截面的惯性矩 $I_z = 5.33 \times 10^6 \text{mm}^4$。试求此梁的最大拉应力和最大压应力。（截面尺寸单位：mm）

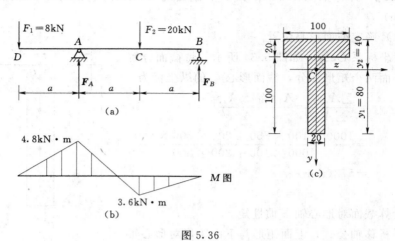

图 5.36

解：（1）求支座反力。

由 $\sum m_A = 0$， $F_B \times 2a - F_2 \times a + F_1 \times a = 0$

解得 $F_B = 6\text{kN}$

由 $\sum F_y = 0$， $-F_B + F_2 + F_1 - F_A = 0$

解得 $F_A = 22\text{kN}$

（2）作弯矩图。

DA 段： $M_D = 0$，$M_A = -F \times a = -4.8(\text{kN} \cdot \text{m})$

AC 段： $M_C = F_B \times a = 3.6(\text{kN} \cdot \text{m})$

CB 段： $M_B = 0$

根据 M_D、M_A、M_C、M_B 的对应值便可作出如图 5.36(b) 所示的弯矩图。

（3）求最大拉压应力。

由弯矩图可知，截面 A 的上边缘及截面 C 的下边缘受拉；截面 A 的下边缘及截面 C 的上边缘受压。

虽然 $|M_A| > |M_C|$，但 $|y_2| < |y_1|$，所以只有分别计算此二截面的拉应力，才能判断出最大拉应力所对应的截面；而截面 A 下边缘的压应力最大。

截面 A 上边缘处

$$\sigma_t = \frac{M_A y_2}{I_z} = \frac{4.8 \times 10^3 \times 40 \times 10^{-3}}{5.33 \times 10^6 \times 10^{-12}} = 36(\text{MPa})$$

截面 C 下边缘处

$$\sigma_t = \frac{M_C y_1}{I_z} = \frac{3.6 \times 10^3 \times 80 \times 10^{-3}}{5.33 \times 10^6 \times 10^{-12}} = 54(\text{MPa})$$

比较可知在截面 C 下边缘处产生最大拉应力，其值为 $\sigma_{t,\max}=54\text{MPa}$

截面 A 下边缘处

$$\sigma_{c,\max}=\frac{M_A y_1}{I_z}=\frac{4.8\times10^3\times80\times10^{-3}}{5.33\times10^6\times10^{-12}}=72(\text{MPa})$$

【例 5.18】　长度为 $2a$ 的悬臂梁 AB
其横截面为矩形，宽、高分别为 b 和 h。
荷载如图 5.37 所示，F 已知，试计算
悬臂梁 AB 上危险截面的最大正应力
$\sigma_{\max}$ 和最大剪应力 $\tau_{\max}$。

解：（1）求 A 处约束力。

$$F_A=F,\quad M_A=0$$

剪力图和弯矩图如图 5.37 所示，
危险截面为截面 C 处，$M_{\max}=Fa$，$Q_C=F$。

（2）求 $\sigma_{\max}$ 和 $\tau_{\max}$。

$$\sigma_{\max}=\frac{M_C}{W_z}=\frac{Fa}{\dfrac{bh^2}{6}}=\frac{6Fa}{bh^2}$$

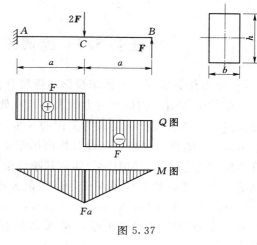

图 5.37

$$\tau_{\max}=\frac{3}{2}\frac{Q}{bh}=\frac{3F}{2bh}$$

【例 5.19】　矩形截面简支梁如图 5.38 所示。已知力 $F=8\text{kN}$。试计算 1—1 截面
上 K_1 点和 K_2 点的正应力和剪应力。（截面尺寸单位：mm）

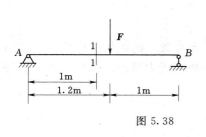 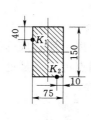

图 5.38

解：（1）由静力学方程，求
A、B 两处的约束反力为

$$F_A=\frac{40}{11}\text{kN},\quad F_B=\frac{48}{11}\text{kN}$$

（2）截面 1—1 处的剪力和
弯矩。

$$M_1=\frac{40}{11}\text{kN}\cdot\text{m},\quad Q_1=\frac{40}{11}\text{kN}$$

（3）正应力计算。

截面惯性矩为 $I_z=\dfrac{bh^3}{12}=21.09\times10^{-6}(\text{m}^4)$

$$\sigma_{K_1}=\frac{M\cdot y_1}{I_z}=\frac{\dfrac{40}{11}\times10^3\times35\times10^{-3}}{21.09\times10^{-6}}=6.04(\text{MPa})\qquad（压应力）$$

$$\sigma_{K_2}=\frac{M\cdot y_2}{I_z}=\frac{\dfrac{40}{11}\times10^3\times75\times10^{-3}}{21.09\times10^{-6}}=12.9(\text{MPa})\qquad（拉应力）$$

（4）剪应力计算。

K_1 点正应力：$\tau_{K_1} = \dfrac{Q}{2I_z}\left(\dfrac{h^2}{4} - y^2\right) = \dfrac{\dfrac{40}{11}\times 10^3 \times \left(\dfrac{0.15^2}{4} - 0.035^2\right)}{2\times 21.09\times 10^{-6}} = 0.38\,(\text{MPa})$

K_2 点正应力：$\tau_{K_2} = \dfrac{Q}{2I_z}\left(\dfrac{h^2}{4} - y^2\right) = \dfrac{\dfrac{40}{11}\times 10^3 \times \left(\dfrac{0.15^2}{4} - 0.075^2\right)}{2\times 21.09\times 10^{-6}} = 0\,(\text{MPa})$

任务 5.3　梁弯曲时的强度计算

5.3.1　学习任务导引——吊车横梁的强度分析

了解梁横截面上的最大应力的大小及所处位置，还不足以说明该梁能否在工程中应用。进行梁的强度分析是最为关键的一步。那么怎样进行强度分析呢？

5.2.3 节的任务解析中已经分析出吊车梁的最大应力值及其位置，那么如果材料的许用应力为 $[\sigma] = 150\text{MPa}$，如何判断该梁是否满足强度要求？如果载重 $F = 60\text{kN}$ 能满足强度要求，那么该吊车梁吊起的最大重量为多少？（已知采用 36b 工字钢，跨度 $l = 8\text{m}$，$W_z = 919\text{cm}^3$，$q = 65.7\text{kg/m} = 657\text{N/m}$）

下一小节的学习内容里给出梁弯曲的强度分析方法，可以帮助我们解决这个问题。

5.2 ▶

弯曲变形杆件的强度

5.3.2　学习内容

5.3.2.1　梁弯曲时的强度条件及计算

在一般情况下，梁内同时存在弯曲正应力和剪应力。为了保证梁的安全工作，梁最大应力不能超出一定的限度，也就是说，梁必须要同时满足正应力强度条件和剪应力强度条件。

1. 弯曲正应力强度条件

最大弯曲正应力发生在横截面上离中性轴最远的各点处，而该处的剪应力一般为零或很小，因而最大弯曲正应力作用点可看成是处于单向受力状态。所以，弯曲正应力强度条件为

$$\sigma_{\max} = \left[\frac{M}{W_z}\right]_{\max} \leqslant [\sigma] \tag{5.25}$$

即要求梁内的最大弯曲正应力 $\sigma_{\max}$ 不超过材料在单向受力时的许用应力 $[\sigma]$。

对于等截面直梁，上式变为

$$\sigma_{\max} = \frac{M_{\max}}{W_z} \leqslant [\sigma] \tag{5.26}$$

由于塑性材料的抗拉和抗压能力近似相同，所以直接按式（5.26）计算。

而脆性材料的抗拉和抗压能力不同，所以有

$$\sigma_{t,\,\max} \leqslant [\sigma_t]；\quad \sigma_{c,\,\max} \leqslant [\sigma_c] \tag{5.27}$$

正号表示拉伸，负号表示压缩。

应用强度条件可以解决以下三类问题：

（1）强度校核。

已知材料的 $[\sigma]$、截面形状和尺寸及所承受的荷载，可利用式（5.26）检验梁的正应力是否满足强度要求。

（2）确定横截面的尺寸。

已知材料的 $[\sigma]$ 及梁上所承受的荷载，确定梁横截面的弯曲截面系数 W_z，即可由 W_z 值进一步确定梁横截面的尺寸。

$$W_z \geqslant \frac{M_{\max}}{[\sigma]} \tag{5.28}$$

（3）确定许用荷载。

已知材料的 $[\sigma]$ 和截面形状及尺寸，可利用式（5.26）计算出梁所能承受的最大弯矩，再由弯矩进一步确定梁所能承受的外荷载的大小。

$$M_{\max} \leqslant W_z [\sigma] \tag{5.29}$$

2. 弯曲剪应力强度条件

最大弯曲剪应力通常发生在中性轴上各点处，而该处的弯曲正应力为零。因此，最大弯曲剪应力作用点处于纯剪切状态，相应的强度条件为

$$\tau_{\max} = \left(\frac{QS_z^*}{I_z b}\right)_{\max} \leqslant [\tau] \tag{5.30}$$

即要求梁内的最大弯曲剪应力 $\tau_{\max}$ 不超过材料在纯剪切时的许用剪应力 $[\tau]$。对于等截面直梁，上式可变为

$$\tau_{\max} = \frac{QS_{z,\,\max}^*}{I_z b} \leqslant [\tau] \tag{5.31}$$

在一般细长的非薄壁截面梁中，最大弯曲正应力远大于最大弯曲剪应力。因此，对于一般细长的非薄壁截面梁，通常强度的计算由正应力强度条件控制。因此，在选择梁的截面时，一般都是按正应力强度条件选择，选好截面后再按剪应力强度条件进行校核。但是，对于薄壁截面梁与弯矩较小而剪力却较大的梁，后者如短而粗的梁、集中荷载作用在支座附近的梁等，则不仅应考虑弯曲正应力强度条件，而且弯曲剪应力强度条件也可能起控制作用。

5.3.2.2 提高梁抗弯强度的措施

前面已指出，在横力弯曲中，控制梁强度的主要因素是梁的最大正应力，梁的正应力强度条件

$$\sigma_{\max} = \frac{M_{\max}}{W} \leqslant [\sigma]$$

为设计梁的主要依据。由这个条件可看出，对于一定长度的梁，在承受一定荷载的情况下，应设法适当地安排梁所受的力，使梁最大的弯矩绝对值降低，同时选用合理的截面形状和尺寸，使抗弯截面模量 W 值增大，以达到设计出的梁满足节约材料和安全适用的要求。关于提高梁的抗弯强度问题，分别从以下几方面讨论分析。

1. 合理安排梁的受力情况

若改变梁的承载方式，从集中承载到分散承载，梁的最大弯矩逐渐变小，均布承

载的最大弯矩仅为集中承载的一半，梁的承载能力可以增大一倍。在梁的设计中要尽量避免承受集中荷载而取用分散承载的方式，最好采用均布承载的形式，以提高梁的承载能力，如图 5.39 所示。

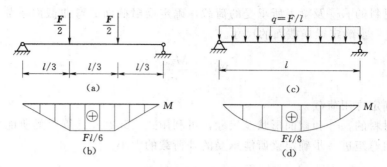

图 5.39

2. 选用合理的截面形状

从弯曲强度考虑，比较合理的截面形状，是使用较小的截面面积，却能获得较大抗弯截面系数的截面。截面形状和放置位置不同，W_z/A 比值也不同。因此，可用比值 W_z/A 来衡量截面的合理性和经济性，比值越大，所采用的截面就越经济合理。

现以跨中受集中力作用的简支梁为例，将其截面形状分别为圆形、矩形和工字形三种情况作一粗略比较。设三种梁的面积 A、跨度和材料都相同，许用正应力为 170MPa。其抗弯截面系数 W_z 和最大承载力比较见表 5.2。

表 5.2　　　　　　　　几种常见截面形状的 W_z 和最大承载力比较

截面形状	尺寸	W_z	W_z/A	最大承载力
圆形	$d=87.4\text{mm}$ $A=60\text{cm}^2$	$\dfrac{\pi d^3}{32}=65.5\times10^3(\text{mm}^3)$	1.09cm	44.5kN
矩形	$b=60\text{mm}$ $h=100\text{mm}$ $A=60\text{cm}^2$	$\dfrac{bh^2}{6}=100\times10^3(\text{mm}^3)$	1.67cm	68.0kN
工字钢 No. 28b	$A=60\text{cm}^2$	$534\times10^3\text{mm}^3$	8.9cm	383kN

从表中可以看出，矩形截面比圆形截面好，工字形截面比矩形截面好得多。

从正应力分布规律分析，正应力沿截面高度线性分布，当离中性轴最远各点处的正应力，达到许用应力值时，中性轴附近各点处的正应力仍很小。因此，在离中性轴较远的位置，配置较多的材料，将提高材料的应用率。

根据上述原则，对于抗拉与抗压强度相同的塑性材料梁，宜采用对中性轴对称的截面，如工字形截面等。而对于抗拉强度低于抗压强度的脆性材料梁，则最好采用中性轴偏于受拉一侧的截面，如 T 形和槽形截面等。

3. 改变梁的支承条件

改变梁的支承条件同样能提高梁的承载能力。如图 5.40（a）所示的简支梁，承受均布荷载 q 作用，如果将梁两端的铰支座各向内移动少许，例如移动 $0.2l$，如图 5.40（b）所示，则后者的最大弯矩仅为前者的 1/5。

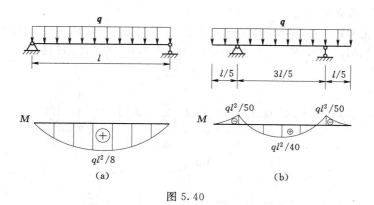

图 5.40

5.3.3 学习任务解析——吊车横梁的强度分析

通过对弯曲梁强度分析的学习，可知能够解决工程中三类强度问题，即强度校核，截面设计和许用载荷计算。注意以下几点：

（1）对于等截面直梁，若材料的拉、压强度相等，则最大弯矩的所在面称为危险面，危险面上距中性轴最远的点称为危险点。强度条件为 $\sigma_{\max} = \dfrac{M_{\max}}{W_z} \leqslant [\sigma]$。

（2）对于由脆性材料制成的梁，由于其抗拉强度和抗压强度相差甚大，所以要对最大拉应力点和最大压应力点分别进行校核。强度条件为 $\sigma_{t,\max} \leqslant [\sigma_t]$，且 $\sigma_{c,\max} \leqslant [\sigma_c]$。

（3）需要指出的是，对于某些特殊情形，如梁的跨度较小或荷载靠近支座时，焊接或铆接的薄壁截面梁，或梁沿某一方向的抗剪能力较差（木梁的顺纹方向，胶合梁的胶合层）等，还需进行弯曲剪应力强度校核。

【例 5.20】 5.2.3 节的学习任务解析中计算的最大应力 $\sigma_{\max} = 136.2\text{MPa} \leqslant [\sigma]$，所以当载重 $F = 60\text{kN}$，该吊车梁的强度满足工程要求。那么该吊车梁吊起的最大重量为多少呢？（已知采用 36b 工字钢，跨度 $l = 8\text{m}$）

解： 首先计算梁的最大弯矩 $M_{\max}$：

$$M_{\max} = \frac{ql^2}{8} + \frac{Fl}{4} = \frac{657 \times 8}{8} + \frac{F \times 8}{4} = (5256 + 2F)(\text{N} \cdot \text{m})$$

根据强度条件 $\sigma_{\max} = \dfrac{M_{\max}}{W_z} \leqslant [\sigma]$，有 $M_{\max} \leqslant [\sigma]W_z$，即 $5256 + 2F \leqslant [\sigma]W_z$，所以

$$F \leqslant \frac{[\sigma]W_z - 5256}{2} = \frac{150 \times 10^6 \times 919 \times 10^{-6} - 5256}{2} = 66.3(\text{kN})$$

可见，吊车梁吊起的最大重量为 66.3kN。

【例 5.21】 如图 5.41（a）所示的外伸梁，用铸铁制成，横截面为 T 形，并承受均布荷载 q 作用。试校该梁的强度。已知荷载集度 $q = 25\text{N/mm}$，截面形心离底边与顶边的距离分别为 $y_1 = 45\text{mm}$ 和 $y_2 = 95\text{mm}$，惯性矩 $I_z = 8.84 \times 10^{-6}\text{m}^4$，许用拉应力 $[\sigma_t] = 35\text{MPa}$，许用压应力 $[\sigma_c] = 140\text{MPa}$。

解：（1）求支座反力。

$$\sum M_A = 0，R_B \times 1500 - q \times 2000 \times 1000 = 0，R_B = 33.3\text{kN}$$

$$\sum M_B = 0，R_A \times 1500 + q \times 2000 \times 500 = 0，R_A = 16.7\text{kN}$$

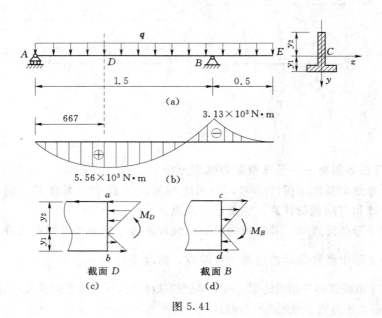

图 5.41

（2）危险截面与危险点确定。

梁的弯矩如图 5.41（b）所示，在横截面 D 与 B 上，分别作用有最大正弯矩与最大负弯矩，因此，该二截面均为危险截面。

截面 D 与 B 的弯曲正应力分布分别如图 5.41（c）、（d）所示。截面 D 的 a 点与截面 B 的 d 点处均受压；而截面 D 的 b 点与截面 B 的 c 点处均受拉。

由于 $|M_D| > |M_B|$，$|y_a| > |y_d|$，因此

$$|\sigma_a| > |\sigma_d|$$

即梁内的最大弯曲压应力 $\sigma_{c,\max}$ 发生在截面 D 的 a 点处。至于最大弯曲拉应力 $\sigma_{t,\max}$，究竟发生在 b 点处，还是 c 点处，则须经计算后才能确定。概言之，a、b、c 三点处为可能最先发生破坏的部位，简称为危险点。

（3）强度校核。

由弯曲正应力计算公式得 a、b、c 三点处的弯曲正应力分别为

$$\sigma_a = \frac{M_D y_a}{I_z} = \frac{5.56 \times 10^3 \times 0.095}{8.84 \times 10^{-6}} = 59.8（\text{MPa}）$$

$$\sigma_b = \frac{M_D y_b}{I_z} = \frac{5.56 \times 10^3 \times 0.045}{8.84 \times 10^{-6}} = 28.3（\text{MPa}）$$

$$\sigma_c = \frac{M_B y_c}{I_z} = \frac{3.13 \times 10^3 \times 0.095}{8.84 \times 10^{-6}} = 33.6（\text{MPa}）$$

由此得

$$\sigma_{c,\,max}=\sigma_a=59.8\text{MPa}<[\sigma_c]$$

$$\sigma_{t,\,max}=\sigma_c=33.6\text{MPa}<[\sigma_t]$$

可见，梁的弯曲强度符合要求。

【例 5.22】　悬臂工字钢梁 AB 如图 5.42（a）所示，长 $l=1.2\text{m}$，在自由端有一集中荷载 F，工字钢的型号为 18 号，截面尺寸如图 5.42（b）所示，已知钢的许用应力 $[\sigma]=170\text{MPa}$，略去梁的自重。

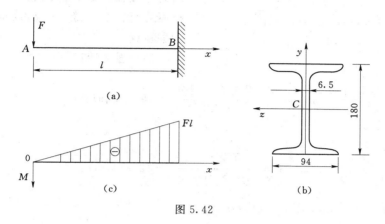

图 5.42

试求：（1）计算集中荷载 F 的最大许可值。（2）若集中荷载为 45kN，确定工字钢的型号。

解：（1）梁的弯矩图如图 5.42（c）所示，最大弯矩在靠近固定端处，其绝对值为

$$M_{max}=Fl=1.2F(\text{N}\cdot\text{m})$$

由附录中查得，18 号工字钢的抗弯截面模量为

$$W_z=185\times10^3\text{mm}^3$$

由公式得

$$1.2F\leqslant185\times10^{-6}\times170\times10^6$$

因此，可知 F 的最大许可值为

$$[F]=\frac{185\times170}{1.2}=26.2\times10^3=26.2(\text{kN})$$

（2）最大弯矩值 $M_{max}=Fl=1.2F=1.2\times45\times10^3=54\times10^3(\text{N}\cdot\text{m})$
按强度条件计算所需抗弯截面系数为

$$W_z\geqslant\frac{M_{max}}{[\sigma]}=\frac{54\times10^3}{170}=\frac{54\times10^6}{170}=3.18\times10^5(\text{mm}^3)=318\text{cm}^3$$

查附录可知，22b 号工字钢的抗弯截面模量为 325cm³，所以可选用 22b 号工字钢。

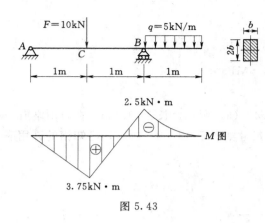

图 5.43

【**例 5.23**】　如图 5.43 所示矩形截面钢梁，承受载荷 F 的作用。试确定横截面尺寸，已知材料的许用应力 $[\sigma]=160\mathrm{MPa}$。

解：（1）作梁的弯矩图。

（2）判断危险截面、危险点。

由于 C 截面有最大弯矩，所以 C 截面为危险面。最大弯曲正应力发生在 C 截面的上、下边缘，C 截面的上下边缘为危险点。

（3）强度计算。

$$\sigma_{\max}=\frac{M_C}{W_z}=\frac{3.75\times10^6}{\dfrac{b\,(2b)^2}{6}}\leqslant160(\mathrm{N/mm^2})$$

$$b\geqslant\sqrt[3]{\frac{3.75\times10^6\times6}{4\times160}}=32.8(\mathrm{mm})$$

选取：$b=32.8\mathrm{mm}$，$h=65.6\mathrm{mm}$。

任务 5.4　梁弯曲时的变形计算

5.4.1　学习任务导引——吊车横梁的变形及刚度分析

梁的刚度分析是工程构件承载能力分析的另一个重要环节。对于主要承受弯曲的梁和轴，挠度和转角过大会影响构件或零件的正常工作。例如齿轮轴的挠度过大会影响齿轮的啮合，或增加齿轮的磨损并产生噪声。机床主轴的挠度过大会影响加工精度，由轴承支承的轴在支承处如果转角过大会增加轴承的磨损等。那么怎样进行刚度分析呢？

这里继续分析吊车梁的刚度，如图 5.44 所示。起重重量为 50kN，由 45b 号工字钢制成，查表有 $I=33800\times10^{-8}\mathrm{m^4}$，$q=874\mathrm{N/m}$。其跨度为 $l=8\mathrm{m}$，已知梁的许用挠度 $[y]=l/500$，材料的弹性模量 $E=210\mathrm{GPa}$。那么该吊车梁的刚度满足工程要求吗？

下一小节的学习内容里给出弯曲梁刚度的分析方法，可以帮助我们解决这个问题。

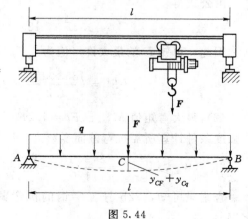

图 5.44

5.4.2　学习内容

5.4.2.1　梁的挠度和转角

工程中不但要求梁有足够的强度，还需要梁有足够的刚度，就是把梁的变形限制在一定的范围之内。通常用挠度和转角来描述梁的变形。

1. 挠度和转角

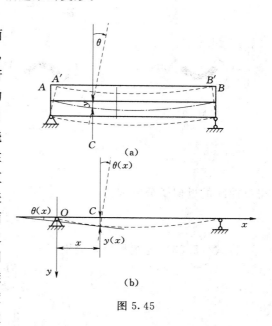

若一简支梁在外力作用下产生平面弯曲变形，其轴线由直线变为平面曲线，此曲线称为梁的挠度曲线，如图 5.45 所示。在变形过程中，梁的各个横截面的形心发生了位移，同时各横截面绕各自的中性轴转动了一个小的角度。由于挠曲线是一条很平缓的曲线，可以认为在变形过程中梁各横截面的形心只作竖直方向移动，这个竖直方向的移动用 y 表示，并称为该截面的挠度；θ 称为该截面的转角。可规定：挠度向下为正，反之为负，挠度的量纲为长度，国际单位制中挠度的单位为米（m）；转角顺时针旋转为正，反之为负，转角的单位为弧度（rad）。一般情况下，梁的挠度是截面位置 x 的函数

$$y = f(x)$$

图 5.45

这个函数关系称为梁的挠曲线方程。

梁的挠度与转角存在内在的联系。如图 5.45 所示简支梁轴线 AB 在外力作用下产生变形，挠曲线为 $A'B'$，其中 C 截面的挠度为 y，转角为 θ。数学分析可知，挠曲线上 C 处的切线斜率为 $\tan\theta$，即 $\tan\theta = y' = f'(x)$。

由于实际工程中常见梁的转角 θ 一般都很小，故

$$\tan\theta = \theta$$

因此，上式可以写成

$$\theta = y' = f'(x) \tag{5.32}$$

转角是挠度对 x 的一次导数，只要找出梁的挠曲线方程，不仅可求出任一截面的挠度，还可以用上式求出梁的转角方程，进一步求出任一截面的转角。

2. 挠曲线的近似微分方程

下式为挠曲线的曲率与弯矩的关系式，即

$$\frac{1}{\rho} = \frac{M(x)}{EI_z} \tag{a}$$

式中：ρ 为梁的挠曲线的曲率半径；M 为弯矩；E 为弹性模量；I_z 为截面对中性轴的惯性矩。

对于剪切变形，当 $l/h \geqslant 5$ 时，剪力 Q 对弯曲变形的影响很小，可略去不计，式（a）仍然适用，而且此时的 M 与 ρ 均为 x 的函数。

平面曲线的曲率为

$$\frac{1}{\rho} = \pm \frac{y''}{[1 + (y')^2]^{3/2}} \qquad \text{(b)}$$

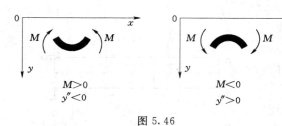

图 5.46

如图 5.46 所示，弯矩的正负号与挠曲线曲率的正负号相反，将式（a）代入式（b），得

$$\frac{y''}{[1 + (y')^2]^{3/2}} = -\frac{M(x)}{EI_z} \qquad \text{(c)}$$

上式为梁弯曲的挠曲线微分方程。因为 $y' \approx \theta$ 很小，$(y')^2$ 就更小，其与 1 相比可略去，便可

得挠曲线的近似微分方程为

$$y'' = -\frac{M(x)}{EI_z} \qquad (5.33)$$

将式（5.33）连续积分，分别得

$$\left. \begin{array}{l} \theta = y' = -\displaystyle\int \frac{M(x)}{EI} \mathrm{d}x + C \\[3mm] y = -\displaystyle\iint \frac{M(x)}{EI} \mathrm{d}x \mathrm{d}x + Cx + D \end{array} \right\} \qquad (5.34)$$

对于等截面直梁，EI 为常数，则上式可改写为

$$\left. \begin{array}{l} EI\theta = -\displaystyle\int M(x)\mathrm{d}x + C \\[3mm] EIy = -\displaystyle\iint M(x)\mathrm{d}x \mathrm{d}x + Cx + D \end{array} \right\} \qquad (5.35)$$

应用式（5.34）或式（5.35）时应注意，当弯矩方程需分段建立时，则应分段积分，式中积分常数 C、D，可由挠曲线上任一点处（弯矩方程的分界处、支座处或变截面处等），其左右截面的转角和挠度分别相等且唯一的连续条件来确定。

尽管积分法是求梁的变形的基本方法，但其运算繁杂。而实际工程中常求某些特定截面的转角和挠度，为方便起见，常用叠加法计算梁上特定截面的转角和挠度。

5.4.2.2　用查表法和叠加法求梁变形

在线弹性小变形条件下，梁的挠度与转角为梁上荷载的线性齐次式，故可应用叠加法来计算梁的变形，即梁上同时受几个荷载作用时的变形，等于各荷载分别单独作用引起变形的代数和。利用叠加法求梁变形的主要步骤是：首先按荷载分解梁，使之成为几个简单梁，每个简单梁上只承受一种荷载；再计算或从表上查得各简单梁的变形；然后叠加得到总变形。简单荷载作用下梁的挠度和转角，见表 5.3。

叠加法更适用于求梁内指定截面的挠度与转角。

表 5.3　简单荷载作用下梁的挠度和转角

序号	不同荷载作用下的梁	挠曲线方程	端面转角	最大挠度
1		$y = \dfrac{M_e x^2}{2EI}$	$\theta_B = \dfrac{M_e l}{EI}$	$y_B = \dfrac{M_e l^2}{2EI}$
2		$y = \dfrac{F x^2}{6EI}(3l - x)$	$\theta_B = \dfrac{F l^2}{2EI}$	$y_B = \dfrac{F l^3}{3EI}$
3		$y = \dfrac{F x^2}{6EI}(3a - x)$，$(0 \leqslant x \leqslant a)$ $y = \dfrac{F a^2}{6EI}(3x - a)$，$(a \leqslant x \leqslant l)$	$\theta_B = \dfrac{F a^2}{2EI}$	$y_B = \dfrac{F a^2}{6EI}(3l - a)$
4		$y = \dfrac{q x^2}{24EI}(x^2 - 4lx + 6l^2)$	$\theta_B = \dfrac{q l^3}{6EI}$	$y_B = \dfrac{q l^4}{8EI}$
5		$y = \dfrac{M_e x}{6lEI}(l - x)(2l - x)$	$\theta_A = \dfrac{M_e l}{3EI}$ $\theta_B = -\dfrac{M_e l}{6EI}$	在 $x = \left(1 - \dfrac{1}{\sqrt{3}}\right) l$ 处，$y_{\max} = \dfrac{M_e l^2}{9\sqrt{3}EI}$ 在 $x = \dfrac{l}{2}$ 处，$y_{l/2} = \dfrac{M_e l^2}{16EI}$

续表

序号	不同荷载作用下的梁	挠曲线方程	端截面转角	最大挠度
6		$y = \dfrac{M_e x}{6lEI}(l^2 - x^2)$	$\theta_A = \dfrac{M_e l}{6EI}$ $\theta_B = -\dfrac{M_e l}{3EI}$	在 $x = \dfrac{l}{\sqrt{3}}$ 处, $y_{max} = \dfrac{M_e l^2}{9\sqrt{3}EI}$ 在 $x = \dfrac{l}{2}$ 处, $y_{l/2} = \dfrac{M_e l^2}{16EI}$
7		$y = -\dfrac{M_e x}{6lEI}(l^2 - 3b^2 - x^2)$, $(0 \leq x \leq a)$ $y = \dfrac{M_e(l-x)}{6lEI}(2lx - 3a^2 - x^2)$, $(a \leq x \leq l)$	$\theta_A = -\dfrac{M_e}{6lEI}(l^2 - 3b^2)$ $\theta_B = \dfrac{M_e}{6lEI}(l^2 - 3a^2)$	在 $x = \sqrt{\dfrac{l^2 - 3b^2}{3}}$ 处, $y_{1max} = -\dfrac{M_e}{9\sqrt{3}lEI}(l^2 - 3b^2)^{3/2}$ 在 $x = \sqrt{\dfrac{l^2 - 3a^2}{3}}$ 处, $y_{2max} = \dfrac{M_e}{9\sqrt{3}lEI}(l^2 - 3a^2)^{3/2}$
8		$y = -\dfrac{Fx^2}{48EI}(3l^2 - 4x^2)$, $\left(0 \leq x \leq \dfrac{l}{2}\right)$	$\theta_A = -\theta_B = -\dfrac{Fl^2}{16EI}$	$y_{max} = -\dfrac{Fl^3}{48EI}$
9		$y = \dfrac{Fbx}{6lEI}(l^2 - x^2 - b^2)$, $(0 \leq x \leq a)$ $y = \dfrac{Fa(l-x)}{6lEI}(2lx - x^2 - a^2)$, $(a \leq x \leq l)$	$\theta_A = \dfrac{Fab(l+b)}{6lEI}$ $\theta_B = \dfrac{Fab(l+a)}{6lEI}$	设 $a > b$ 时 在 $x = \sqrt{\dfrac{l^2 - b^2}{3}}$ 处 $y_{max} = \dfrac{Fb}{9\sqrt{3}lEI}(l^2 - b^2)^{3/2}$ 在 $x = \dfrac{l}{2}$ 处, $y_C = \dfrac{Fb}{48EI}(3l^2 - 4b^2)$

续表

序号	不同荷载作用下的梁	挠　曲　线　方　程	端　截　面　转　角	最　大　挠　度
10		$y = \dfrac{qx}{24EI}(l^3 - 2lx^2 + x^3)$	$\theta_A = -\theta_B = \dfrac{ql^3}{24EI}$	在 $x = \dfrac{l}{2}$ 处，$y_{\max} = \dfrac{5ql^4}{384EI}$
11		$y = -\dfrac{Fax}{6lEI}(l^2 - x^2)$,　$(0 \le x \le l)$ $y = \dfrac{F(x-l)}{6EI}\big[a(3x-l)-(x-l)^2\big]$, $[l \le x \le (l+a)]$	$\theta_A = -\dfrac{1}{2}\theta_B$ $\theta_B = -\dfrac{Fal}{6EI}$ $\theta_C = \dfrac{Fa}{6EI}(2l+3a)$	$y_C = \dfrac{Fa^2}{3EI}(l+a)$
12		$y = -\dfrac{Fax}{6lEI}(l^2 - x^2)$,　$(0 \le x \le l)$ $y = \dfrac{q(x-l)}{24EI}\big[2a^2x(x+l) - \\ 2a(a+2l)(x-l)^2 + l(x-l)^3\big]$, $[l \le x \le (l+a)]$	$\theta_A = -\dfrac{1}{2}\theta_B$ $\theta_B = -\dfrac{qa^2l}{12EI}$ $\theta_C = \dfrac{qa^2}{6EI}(l+a)$	$y_C = \dfrac{qa^3}{24EI}(4l+3a)$
13		$y = -\dfrac{M_e x}{6lEI}(l^2 - x^2)$,　$(0 \le x \le l)$ $y = \dfrac{M_e}{6EI}(l^2 + 3x^2 - 4xl)$, $[l \le x \le (l+a)]$	$\theta_A = \dfrac{M_e l}{6EI}$ $\theta_B = \dfrac{M_e l}{3EI}$ $\theta_C = \dfrac{M_e}{3EI}(l+3a)$	$y_C = \dfrac{M_e a}{6EI}(2l+3a)$

5.4.2.3　梁的刚度计算

在实际工程中，梁在载荷作用下，要求其最大挠度和转角不得超过某一规定数值，则梁的刚度条件为

$$\left.\begin{array}{l}|y|_{max} \leqslant [y] \\ |\theta|_{max} \leqslant [\theta]\end{array}\right\} \tag{5.36}$$

式中：$[y]$ 和 $[\theta]$ 分别为规定的许用挠度和许用转角，可从有关的设计规范中查得。

5.4.2.4　提高梁刚度的措施

提高梁的承载能力应该从提高梁的强度和刚度两方面进行考虑。从等直梁的弯曲正应力计算公式 $\sigma_{max} = \dfrac{M_{max}}{W_z}$ 可知，梁的最大弯曲正应力与梁上的最大弯矩 M_{max} 成正比，与抗弯截面系数 W_z 成反比；从梁的挠度和转角的表达式看出，梁的变形与跨度 l 的高次方成正比，与梁的抗弯刚度 EI_z 成反比。从挠曲线的近似微分方程可以看出，弯曲变形与弯矩大小、跨度长短、支座条件、梁截面的惯性矩 I、材料的弹性模量 E 有关。所以要减小弯曲变形，就应从这些因素加以考虑。

（1）选择合理的截面形状。

前面已提及，控制梁强度的因素是弯曲截面模量 W_z，而控制梁刚度的因素是截面二次矩 I_z。选取合理截面形状就是用较小的截面面积得到较大的截面二次距，即 $\dfrac{I_z}{A}$ 越大，截面越合理。如工字形、槽形、T 形截面的截面二次矩的数值都比同面积的矩形截面有更大的截面二次矩 I_z。一般来说，提高截面二次矩 I_z 的数值，往往也同时提高了梁的强度。在强度问题中，更准确地说，是提高了弯矩值较大的局部梁段内的弯曲截面模量。弯曲变形与梁的全部长度内各部分的刚度都有关。往往要考虑提高梁全长范围内的刚度。

（2）改善结构形式和载荷作用方式。

弯矩是引起弯曲变形的主要因素。所以，减小最大弯矩数值也就是提高弯曲刚度。具体可从以下几方面加以考虑。

减少梁的长度是减小弯曲变形的较有效方法，因为挠度一般与梁长度的三次方或四次方成正比。在可能的条件下，尽可能减少梁的长度。

改变施加荷载的方式也可减小变形，例如将集中力改为分布力；将力的作用位置尽可能靠近支座，都能减小梁的变形。

缩小跨度也是减小弯曲变形的有效方法。以前的例子都说明，将梁的支座向中间移动，即把简支梁变成外伸梁可以提高梁的强度。同样，将支座向内移，也能改变梁的刚度。将简支梁的支座靠近至适当位置，可使梁的变形明显减小。在有些情况下，还可使梁有一个反向的初始挠度，这样在加载后可以减小梁的挠度。

最后指出，弯曲变形还与材料的弹性模量值有关。对 E 值不同的材料来说，E 值越大变形越小。因为各种钢材的弹性模量数值大致相同，所以为提高弯曲刚度而采用高强度钢，并不会得到预期的效果。

5.4.3　学习任务解析——吊车横梁的变形及刚度分析

通过对弯曲梁刚度分析的学习，可知描述梁变形的两个参数为挠度和转角。计算梁的变形主要有两种方法：积分法和叠加法。梁的刚度条件为 $|y|_{\max} \leqslant [y]$，$|\theta|_{\max} \leqslant [\theta]$。利用刚度条件可以进行刚度校核、截面设计和确定许用荷载。在设计梁时，一般是先按强度条件选择截面或许用荷载，再利用刚度条件校核，若不满足，再按刚度条件设计。

【例 5.24】 5.4.1 节学习任务导引中图 5.44 的吊车梁的最大挠度？并验算吊车梁刚度是否满足要求。

解： 吊车梁的自重为均布荷载，电葫芦的轮压为一集中荷载，当其行至梁的中点时，所产生的挠度为最大，如图 5.44 所示。首先两种荷载分别计算跨中变形，

电葫芦产生的挠度：

$$y_{CP} = \frac{Fl^3}{48EI} = \frac{50 \times 10^3 \times 8^3}{48 \times 210 \times 10^9 \times 33800 \times 10^{-8}} = 7.51(\text{mm})$$

均布荷载产生的挠度：

$$y_{Cq} = \frac{5ql^4}{384EI} = \frac{5 \times 874 \times 8^4}{384 \times 210 \times 10^9 \times 33800 \times 10^{-8}} = 0.657(\text{mm})$$

由叠加法，梁的最大挠度为

$$y_{\max} = y_{CF} + y_{Cq} = 7.51 + 0.657 = 8.167(\text{mm})$$

进行刚度校核。

$$[y] = \frac{l}{500} = \frac{8}{500} = 0.016(\text{m}) = 16\text{mm}$$

$$y_{\max} = 8.167\text{mm} < [y] = 16\text{mm}$$

可见，该吊车梁的刚度符合要求。

【例 5.25】 图 5.47 所示的简支梁同时受有集中力 F 和均布荷载 q 作用，求截面 A 的转角和 C 截面的挠度。

解： 查表分别得到梁在均布荷载作用下截面的转角和截面的挠度，及梁在集中荷载作用下在截面 A 产生的转角，在截面 C 产生的挠度。

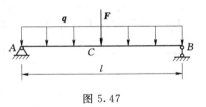

图 5.47

$$\theta_{Aq} = \frac{ql^3}{24EI}, \qquad y_{Cq} = \frac{5ql^4}{384EI}$$

$$\theta_{AF} = \frac{Fl^2}{16EI}, \qquad y_{CF} = \frac{Fl^3}{48EI}$$

$$\theta_A = \theta_{Aq} + \theta_{AF} = \frac{ql^3}{24EI} + \frac{Fl^2}{16EI} \qquad \text{（顺时针方向转动）}$$

$$y_C = y_{Cq} + y_{CF} = \frac{5ql^4}{384EI} + \frac{Fl^3}{48EI} \qquad \text{（方向向下）}$$

【例 5.26】 如图 5.48 所示的悬臂梁 AB，在自由端 B 受集中力 F 和力偶 M 作

用。已知 EI 为常数，试用叠加法求自由端的转角和挠度。

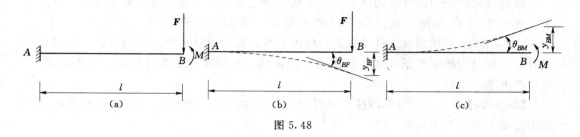

图 5.48

解： 如图 5.48（a）所示，梁的变形等于图 5.48（b）和（c）两种情况的代数和。

在力 F 作用下，由表 5.3 得

$$\theta_{BF} = \frac{Fl^2}{2EI}, \quad y_{BF} = \frac{Fl^3}{3EI}$$

在力偶 M 作用下，由表 5.3 得

$$\theta_{BM} = -\frac{Ml}{EI}, \quad y_{BM} = -\frac{Ml^2}{2EI}$$

叠加得

$$\theta_B = \theta_{BF} + \theta_{BM} = \frac{Fl^2}{2EI} - \frac{Ml}{EI}$$

$$y_B = y_{BF} + y_{BM} = \frac{Fl^3}{3EI} - \frac{Ml^2}{2EI}$$

【例 5.27】 如图 5.49（a）所示的一矩形截面悬臂梁，$q = 10\text{kN/m}$，$l = 3\text{m}$，梁的许用挠度 $[y/l] = 1/250$，材料的许用应力 $[\sigma] = 12\text{MPa}$，材料的弹性模量 $E = 2 \times 10^4 \text{MPa}$，截面尺寸比 $h/b = 2$。试确定截面尺寸 b、h。

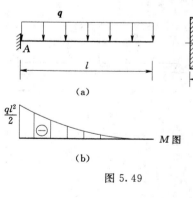

图 5.49

解： 该梁既要满足强度条件，又要满足刚度条件，这时可分别按强度条件和刚度条件来设计截面尺寸，取其较大者。

（1）按强度条件 $\sigma_{\max} = \dfrac{M_{\max}}{W_z} \leqslant [\sigma]$ 设计截面尺寸。弯矩图如图 5.49（b）所示。最大弯矩、抗弯截面系数分别为

$$M_{\max} = \frac{ql^2}{2} = 45(\text{kN} \cdot \text{m}), \quad W_z = \frac{b}{6}h^2 = \frac{2}{3}b^3$$

把 M 及 W_z 代入强度条件，得

$$b \geqslant \sqrt[3]{\frac{3M_{\max}}{2[\sigma]}} = \sqrt[3]{\frac{3 \times 45 \times 10^6}{2 \times 12}} = 178(\text{mm}), \quad h = 2b = 356(\text{mm})$$

（2）按刚度条件 $\dfrac{y_{\max}}{l} \leqslant \left[\dfrac{y}{l}\right]$ 设计截面尺寸。查表 5.3 得：

$$y_{\max} = \frac{ql^4}{8EI_z}$$

又　　$I_z = \dfrac{bh^3}{12} = \dfrac{2}{3}b^4$

把 $y_{\max}$ 及 I_z 代入刚度条件，得

$$b \geqslant \sqrt[4]{\frac{3ql^3}{16\left[\dfrac{y}{l}\right]E}} = \sqrt[4]{\frac{3 \times 10 \times 3000^3 \times 250}{16 \times 2 \times 10^4}} = 159（\text{mm}）$$

$$h = 2b = 318（\text{mm}）$$

（3）所要求的截面尺寸取其较大者，即 $h = 356\text{mm}$，$b = 178\text{mm}$。另外，工程上截面尺寸应符合磨具要求，取整数即 $h = 360\text{mm}$，$b = 180\text{mm}$。

小　　　结

1. 弯曲基本概念

（1）受力特点：杆件受到垂直于轴线的力作用。

变形特点：杆件轴线由直线变为曲线。

（2）平面弯曲。作用于梁上的所有外力都在纵向对称面内，则变形后梁的轴线也将在此对称平面内弯曲成一条平面曲线。

（3）静定梁基本形式：简支梁、外伸梁、悬臂梁。

2. 平面图形的几何性质

（1）形心计算公式：

$$y_C = \frac{\sum A_i z_{Ci}}{\sum A_i}$$

（2）常用简单图形的惯性矩计算公式：

矩形截面　　$I_z = \dfrac{bh^3}{12}$，　　$I_y = \dfrac{hb^3}{12}$

圆形截面　　$I_z = I_y = \dfrac{\pi D^4}{64}$

圆环截面　　$I_z = I_y = \dfrac{\pi}{64}(D^4 - d^4) = \dfrac{\pi}{64}D^4(1 - \alpha^4)$

（3）平行移轴公式：

$$I_{y'} = I_y + a^2 A，\qquad I_{z'} = I_z + b^2 A$$

3. 弯曲内力——剪力和弯矩

（1）正负号规定。

截面剪力绕微段梁顺时针转动，剪力为正；反之，剪力为负。

弯矩使微段梁的下侧受拉时，弯矩为正；反之，弯矩为负。

（2）截面法计算剪力和弯矩的步骤。

1）计算梁的支座反力（只有外力已知才能计算出内力）。

2）在需要计算内力的横截面处，用假设截面将梁截开，并任取一段作为研究对象。

3）画出所选梁段的受力图，图中剪力 Q 和弯矩 M 需要按正方向假设。

4）由静力平衡方程 $\sum F_y = 0$ 计算剪力 Q。

5）由静力平衡方程 $\sum M_C(F) = 0$ 计算弯矩 M。

（3）绘制剪力图和弯矩图。

1）图形纵横坐标

以梁轴线为横坐标 x，表示横截面的位置；纵坐标表示各对应横截面上的剪力和弯矩。

2）利用剪力方程与弯矩方程绘图（不方便，不常用）；利用荷载、剪力和弯矩的微分关系绘图（常用）。

4. 弯曲应力及强度

（1）概念：纯弯曲和剪力弯曲、中性层、中性轴。

变形特点：杆件轴线由直线变为曲线。

（2）梁横截面上的正应力

$$\sigma = \frac{M}{I_z} y$$

对于等截面梁，横截面最大正应力为 $\sigma_{\max} = \dfrac{M}{W_z}$，其中，抗弯截面模量 $W_z = \dfrac{I_z}{y_{\max}}$。

（3）应用强度条件可以解决以下三类问题：

1）强度校核。已知材料的 $[\sigma]$、截面形状和尺寸及所承受的荷载，强度满足：

$$\sigma_{\max} = \frac{M_{\max}}{W_z} \leqslant [\sigma]$$

2）确定横截面的尺寸。已知材料的 $[\sigma]$ 及梁上所承受的载荷，确定梁横截面的弯曲截面系数 W_z，即可由 W_z 值进一步确定梁横截面的尺寸。

$$W_z \geqslant \frac{M_{\max}}{[\sigma]}$$

3）确定许用荷载。已知材料的 $[\sigma]$ 和截面形状及尺寸，可利用下面公式计算出梁所能承受的最大弯矩，再由弯矩进一步确定梁所能承受的外荷载的大小。

$$M_{\max} \leqslant W_z [\sigma]$$

（4）强度条件。

塑性材料抗拉和抗压能力近似相同，所以有：$\sigma_{\max} = \dfrac{M_{\max}}{W_z} \leqslant [\sigma]$；

脆性材料的抗拉和抗压能力不同，所以有 $\sigma_{t,\max} \leqslant [\sigma_t]$；$\sigma_{c,\max} \leqslant [\sigma_c]$。

正号表示拉伸，负号表示压缩。

（5）弯曲剪应力简介。

剪应力计算公式：$\tau = \dfrac{Q S_z^*}{I_z b}$

矩形截面：中性轴上有最大剪应力 $\tau_{max} = \dfrac{3Q}{2A}$

工字形截面：在中性轴处（$y = 0$），剪应力最大，在腹板与翼缘的交接处（$y = \pm h/2$），剪应力最小，其值分别为

$$\tau_{max} = \frac{Q}{I_z b}\left[\frac{BH^2}{8} - (B - b)\frac{h^2}{8}\right]$$

$$\tau_{min} = \frac{Q}{I_z b}\left(\frac{BH^2}{8} - \frac{Bh^2}{8}\right)$$

5. 弯曲变形及刚度

（1）梁的变形：挠度和转角。

（2）梁的变形计算。

1）用积分法计算梁的变形。

转角方程 $\theta = y' = -\displaystyle\int \frac{M(x)}{EI}\mathrm{d}x + C$

挠曲线方程 $y = -\displaystyle\iint \frac{M(x)}{EI}\mathrm{d}x\,\mathrm{d}x + Cx + D$

2）用叠加法计算梁的变形。

梁上同时受几个荷载作用时的变形，等于各荷载分别单独作用引起变形的代数和。

（3）刚度条件：

$$\left.\begin{array}{c}|y|_{max} \leqslant [y]\\ |\theta|_{max} \leqslant [\theta]\end{array}\right\}$$

习 题

5.1 试计算图示各梁指定截面（标有细线的截面）的剪力与弯矩。

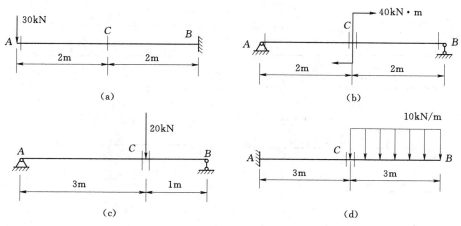

题 5.1 图

5.2　试计算图示各梁指定截面（标有细线的截面）的剪力与弯矩。

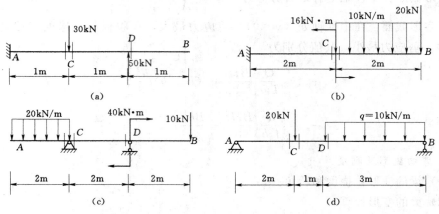

题 5.2 图

5.3　试建立图示各梁的剪力与弯矩方程，并画出剪力图与弯矩图。

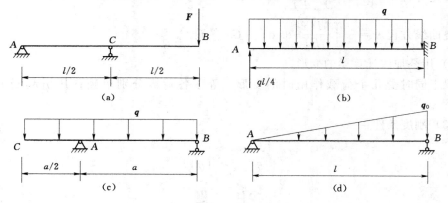

题 5.3 图

5.4　图示各梁，试利用剪力、弯矩与载荷集度的关系画出剪力图与弯矩图。

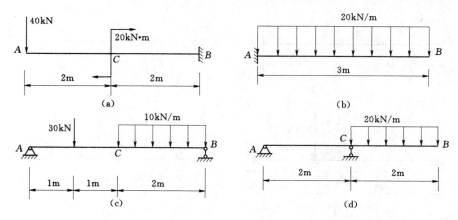

题 5.4 图

5.5　图示各梁，试画出剪力图与弯矩图。

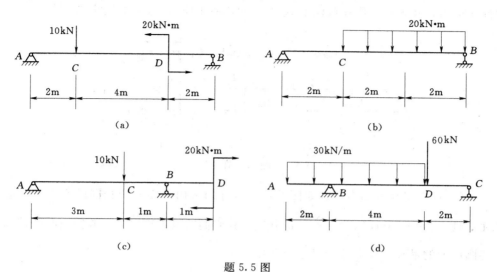

题 5.5 图

5.6　试求图示两平面图形形心 C 的位置。（图中尺寸单位为 mm）

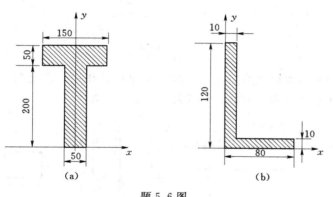

题 5.6 图

5.7　试求图示平面图形形心位置。（图中尺寸单位为 mm）

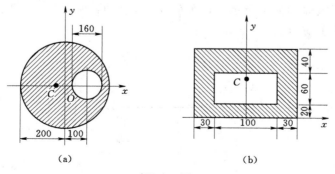

题 5.7 图

5.8　图示悬臂梁，横截面为矩形，承受载荷 F_1 与 F_2 作用，试计算梁内的最大弯曲正应力，及该应力所在截面上 K 点处的弯曲正应力。（图中尺寸单位为 mm）

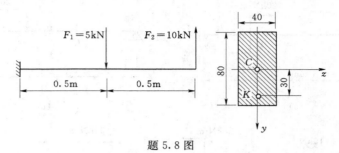

题 5.8 图

5.9　简支梁承受均布荷载如图所示。若分别采用截面面积相同的实心和空心圆截面，且 $D_1 = 40$ mm，$\dfrac{d_2}{D_2} = \dfrac{3}{5}$，试分别计算它们的最大正应力。并问空心圆截面比实心圆截面的最大正应力减少了百分之几？

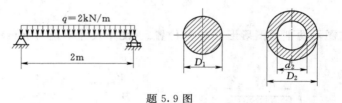

题 5.9 图

5.10　如图所示矩形截面简支梁，承受均布荷载作用。若已知 $h = 2b = 240$ mm。试求截面横放和竖放时梁内的最大正应力，并加以比较。

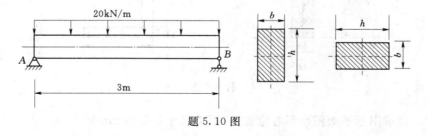

题 5.10 图

5.11　矩形截面梁如图所示，均布荷载 q，已知：跨度为 l，高为 h。试比较最大正应力和最大剪应力。

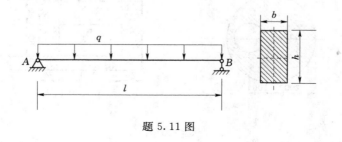

题 5.11 图

5.12　试计算图示工字形截面梁的最大正应力和最大剪应力。

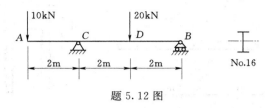

题 5.12 图

5.13　⊥形截面铸铁悬臂梁，尺寸及荷载如图所示。截面对形心轴 Z_C 的惯性矩 $I_z = 10181\text{cm}^4$，$h_1 = 9.64\text{cm}$，$F = 44\text{kN}$，试求梁内的最大拉应力和最大压应力。（图中尺寸单位为 mm）

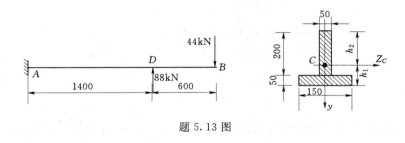

题 5.13 图

5.14　图示矩形截面梁。已知 $[\sigma] = 160\text{MPa}$，试确定图示梁的许用载荷 $[q]$。（图中尺寸单位为 mm）

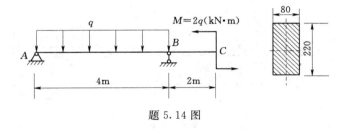

题 5.14 图

5.15　简支梁在跨中受集中载荷，$[\sigma] = 120\text{MPa}$。试为梁选择工字钢型号。

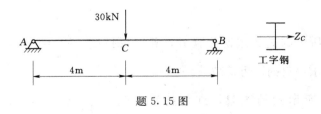

题 5.15 图

5.16　外伸梁受力如图所示，梁截面尺寸如图所示，已知 $[\sigma] = 120\text{MPa}$，试校核梁的强度。（图中尺寸单位为 mm）

5.17　图示梁的许用应力 $[\sigma_c] = 160\text{MPa}$，许用切应力 $[\tau] = 100\text{MPa}$，试选择工

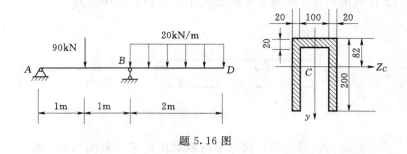

题 5.16 图

字钢的型号。

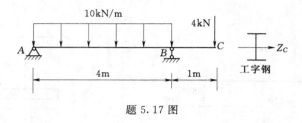

题 5.17 图

5.18 图示 T 形截面铸铁梁承受载荷作用。已知铸铁的许用拉应力 $[\sigma_t]=$ 40MPa，许用压应力 $[\sigma_c]=160$ MPa。试按正应力强度条件校核梁的强度。若荷载不变，将横截面由 T 形倒置成⊥形，是否合理？为什么？（图中尺寸单位为 mm）

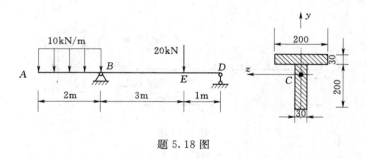

题 5.18 图

5.19 试分别用积分法和叠加法求下图中各梁截面 A 的挠度和截面 B 的转角。EI 为已知常数。

5.20 如图所示的矩形截面悬臂梁，若许用挠度 $\left[\dfrac{f}{l}\right]=\dfrac{1}{250}$，$[\sigma]=120$MPa，$E=200$GPa。试求该梁的许可荷载 $[q]$。

5.21 如图所示的简支梁，许可挠度 $[f]=\dfrac{1}{100}$m，$[\sigma]=160$MPa，$E=$ 200GPa，试选择工字钢的型号。

5.22 如图所示的 AB 梁，B 点用 BD 杆拉住，已知梁的抗弯刚度为 EI 和拉杆的抗拉压刚度为 EA，试求 C 点的挠度 y_C。

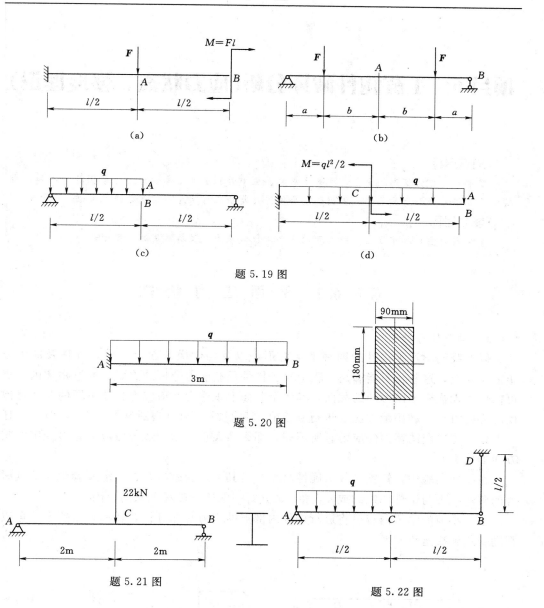

题 5.19 图

题 5.20 图

题 5.21 图

题 5.22 图

项目6　工程构件破坏分析(应力状态、强度理论)

知识目标

　　了解平面应力状态的含义，理解主应力、主平面和主单元体的含义；掌握解析法和应力圆法计算任一截面上的应力，根据强度条件进行复杂应力状态下构件的强度校核。

能力目标

　　掌握解析法计算平面应力状态下的各个方位的应力。了解常用的强度理论。

任务6.1　平面应力状态

6.1.1　学习任务导引

　　以上我们学习了构件的四种基本变形，以及构件横截面上的应力计算及应力分布。实际上，这些还不能满足工程上对于构件承载能力分析的需要。通过物体内一点可以作出无数个不同方向的截面，其各个截面上正应力和剪应力也是不同的。通过前面的分析可知，利用最大应力进行强度和刚度校核（同时判断破坏方向），但由于任一点处不同方向的截面的应力有所不同，那么最大正应力和最大剪应力是多少呢？其方向如何呢？

　　在拉伸实验中，铸铁试件（脆性材料）沿其横截面破坏。在压缩实验中，铸铁试件的破坏截面与试件轴线约成45°角。试分析一下这种破坏现象的原因。

　　下一小节的学习内容里将进行构件内部点的应力状态分析，如图6.1所示。可以帮助我们解决这个问题。

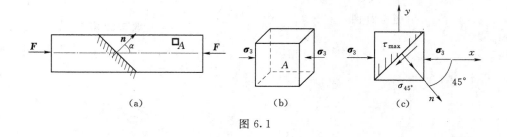

图6.1

6.1.2　学习内容

6.1.2.1　应力状态的概念

　　1. 一点处的应力状态

　　前面研究了杆件在轴向拉伸（压缩）、剪切、扭转和弯曲时的强度问题。这些杆

件的危险点（发生最大应力的点）或处于单向受力状态，或处于纯剪切状态，相应的强度条件为

$$\sigma_{\max} \leqslant [\sigma] = \frac{\sigma^{\circ}}{n} \qquad \tau_{\max} \leqslant [\tau] = \frac{\tau^{\circ}}{n}$$

式中：σ° 和 τ° 分别为材料在单向受力状态和纯剪切状态的极限应力；n 为安全系数。

但在实际问题中，构件的受力是很复杂的。如图 6.2 所示发生弯曲和扭转的圆轴，在其某一横截面上的 1、2 两点将同时产生最大弯曲正应力和最大扭转剪应力。由于在危险点同时存在着这两种应力，显然，我们不能简单地按弯曲

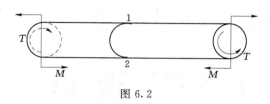

图 6.2

正应力建立强度条件，也不能简单地按扭转剪应力建立强度条件，而必须同时考虑这两种应力对材料强度的综合影响。这就需要我们全面分析危险点各截面的应力情况。一般来说，通过构件内任意一点的各个截面在该点处的应力是不相同的，是随截面的方位而改变的。该点在所有截面上的应力情况称为该点的应力状态。研究危险点处应力状态的目的，就在于确定在哪个截面上的哪一点处于最大正应力，在哪个截面上的哪一点处于最大剪应力，以及它们的数值，以便为处于复杂应力状态下杆件的强度计算提供理论依据。

2. 一点处应力状态的分析

为了研究某点的应力状态，可围绕该点取出一微小的正六面体，即单元体来研究。因为单元体的边长是无穷小的量，可以认为：作用在单元体的各个方面上的应力都是均匀分布的；在任意一对平行平面上的应力是相等的，且代表着通过所研究的点并与上述平面平行的面上的应力。因此单元体三对平面上的应力就代表通过所研究的点的三个互相垂直截面上的应力，只要知道了这三个面上的应力，则其他任意截面上的应力都可通过截面法求出，这样，该点的应力状态就可以完全确定。因此，可用单元体的三个互相垂直平面上的应力来表示一点的应力状态。

如图 6.3 所示的一轴向拉伸杆件，若在任意 A 和 B 两点处各取出一单元体，如果选的单元体的一个相对面为横截面，则在它们的三对平行平面上作用的应力都可由前面所讲的公式算出，故可以说 A 点的应力状态是完全可以确定的，其他点也是一样。又如图 6.4 所示一受横力弯曲的梁，若在 A、B、C、D 等点各取出一单元体，如果单元体的一个相对面为横截面，则在它们的三对平行平面上的应力也可由前面所讲的公式求出，故这些点的应力状态也是完全确定的。

根据一点的应力状态中各应力在空间的不同位置，可以将应力状态分为空间应力状态和平面应力状态。全部应力位于同一平面内时，称为平面应力状态；全部应力不在同一平面内，在空间分布，称为空间应力状态。

在构件中某点选取的单元体，其各面上一般都有正应力和剪应力。根据弹性力学中的研究，通过受力构件的每一点，都可以得到这样一个单元体，在三对相互垂直的相对面上剪应力等于零，而只有正应力，这样的单元体称为主单元体，并且剪应力为

零的平面称为主平面，主平面上的正应力称为主应力。我们通常用字母 σ_1、σ_2 和 σ_3 分别代表作用在这三对主平面上的主应力，其中 σ_1 代表数值最大的主应力，σ_3 代表数值最小的主应力。由此可知，如图 6.3 所示的点 A 和图 6.4 所示的 A、C 两点处所取的单元体的各平行平面上的剪应力都等于零，这样的单元体称为主单元体，主平面上的正应力即为主应力。

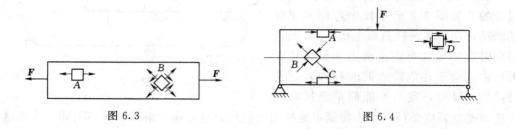

图 6.3　　　　　　　　　　　　　　图 6.4

实际上，在受力构件内所取出的主应力单元体上，不一定在三个相对面上都存在有主应力，故应力状态又可分下列三类：

（1）单向应力状态。在三个相对平面上三个主应力中只有一个主应力不等于零。如图 6.3 所示的点 A 和图 6.4 所示的 A、C 两点的应力状态都属于单向应力状态。

（2）双向应力状态（平面应力状态）。在三个相对平面上三个主应力中有两个主应力不等于零。如图 6.4 所示 B、D 两点的应力状态。在平面应力状态中，有时会遇到一种特例，此时，单元体的四个侧面上只有剪应力而无正应力，这种状态称为纯剪切应力状态。例如，在纯扭转变形中，如选取横截面为一个相对面的单元体就是这种情况。

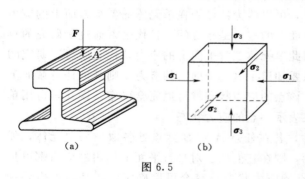

图 6.5

（3）三向应力状态（空间应力状态）。钢轨与车轮接触处，如图 6.5（a）所示，在车轮的压力下，钢轨受压部分的材料有向四周扩张的趋势，故受到周围材料的压力作用，因此钢轨受压区域取出的单元体有三个主应力作用，如图 6.5（b）所示。这三个主应力都不等于零，称为三向应力状态。

我们通常将单向应力状态称为简单应力状态，而将双向应力状态和三向应力状态称为复杂应力状态。

6.1.2.2　任一斜截面上的应力计算

对构件进行强度分析，需要知道确定的应力状态中的各个主应力和最大剪应力以及它们的方位。求解的方法就是选取一单元体，用截面法截取单元体，利用静力平衡方程求解各个方位上的应力。

如图 6.6（a）所示的单元体，因其外法线与 z 轴重合的平面上剪应力、正应力均为零，说明该单元体至少有一个主应力为零，因此该单元体处于平面应力状态。为便于研究，取其中平面 $abcd$ 来代表单元体的受力情况，如图 6.6（b）所示。设斜截面 ef 的外法线 n 与 x 轴成 α 角，简称 α 面，并用 σ_α、τ_α 分别表示 α 面上的正应力和剪应力，如图 6.6（b）所示。任一斜截面的表示方法及有关规定如下：

（1）用 x 轴与截面外法线 n 间的夹角 α 表示该截面。

（2）α 的正负号规定：由 x 轴向外法线 n 旋转，逆时针转向为正，顺时针转向为负，如图 6.6（b）所示的 α 角为正。

（3）σ 的正负号规定：拉应力为正，压应力为负（图 6.6 中的 σ_x、σ_y、σ_α 均为正值）。

（4）τ 的正负号规定：τ_α 对截面内此任一点的力矩转向，顺时针转向为正，逆时针转向为负（图 6.6 中的 τ_x、τ_α 均为正值，τ_y 为负值）。

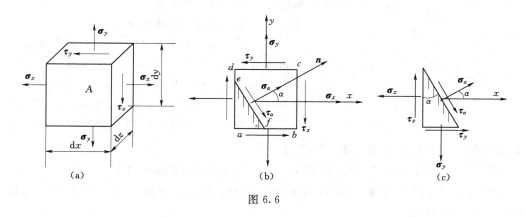

图 6.6

计算任一斜截面上的应力有两种方法：解析法和图解法。

（1）解析法（公式法）。

由于我们研究的构件是平衡的，所以从构件内任意一点所取的单元体，以及从单元体上取出的某一部分也处于平衡，如图 6.6（c）所示。由平衡条件可以得出平面应力状态下单元体任一斜截面上的应力计算公式为

$$\sigma_\alpha = \frac{\sigma_x + \sigma_y}{2} + \frac{\sigma_x - \sigma_y}{2}\cos2\alpha - \tau_x\sin2\alpha \tag{6.1}$$

$$\tau_\alpha = \frac{\sigma_x - \sigma_y}{2}\sin2\alpha + \tau_x\cos2\alpha \tag{6.2}$$

式（6.1）、式（6.2）为单元体任一斜截面应力的一般公式。它表明，当平面应力状态应力单元体已知，可以求出单元体任一斜截面上的应力。

利用上述公式计算单元体任一截面上应力的方法称为解析法。

（2）图解法（应力圆法）。

1）应力圆的概念。将式（6.1）、式（6.2）整理改写成：

$$\sigma_\alpha - \frac{\sigma_x + \sigma_y}{2} = \frac{\sigma_x - \sigma_y}{2}\cos2\alpha - \tau_x\sin2\alpha$$

$$\tau_\alpha = \frac{\sigma_x - \sigma_y}{2}\sin2\alpha + \tau_x\cos2\alpha$$

将上述两式两边分别平方，然后相加可得：

$$\left(\sigma_\alpha - \frac{\sigma_x + \sigma_y}{2}\right)^2 + \tau_\alpha^2 = \left(\frac{\sigma_x - \sigma_y}{2}\right)^2 + \tau_x^2$$

对于所研究的单元体，σ_x、σ_y 和 τ_x 均为已知量，则上式的右端为一常量，因此上式表示出了 σ_α 和 τ_α 的函数关系。若取 σ、τ 为坐标轴，则此公式即是一个圆的方程。其圆心坐标为 $\left(\dfrac{\sigma_x + \sigma_y}{2},\ 0\right)$，半径为 $\sqrt{\left(\dfrac{\sigma_x - \sigma_y}{2}\right)^2 + \tau_x^2}$，通常称此圆为应力圆，又称摩尔圆，如图 6.7 所示。

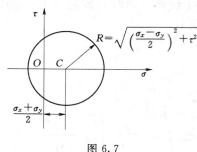

图 6.7

2）应力圆的画法。已知某单元体的应力 σ_x、σ_y 和 τ_x 如图 6.8（a）所示，可按下列步骤画出这个单元体的应力圆。

第一步，建立直角坐标系 $\sigma - \tau$。

第二步，确定基准点 D_1、D_2。将单元体上已知应力数值的 x 平面与 y 平面作为基准面，按一定比例在横坐标上量取 $OB_1 = \sigma_x$，纵坐标上量取 $B_1D_1 = \tau_x$，得 D_1 点；量取 $OB_2 = \sigma_y$，$B_2D_2 = \tau_y$，得 D_2 点，如图 6.8（b）所示。D_1、D_2 点分别代表了基准面 x 面和 y 面上的应力数值。

第三步，连接 D_1、D_2 两点的直线，直线 D_1D_2 与横坐标 σ 轴交于 C 点。

第四步，以 C 点为圆心，CD_1 或 CD_2 为半径，绘出一个圆，即为所求的应力圆，如图 6.8（b）所示。

在利用应力圆来确定单元体上任一斜截面上的应力时，必须掌握应力圆和单元体之间的对应关系：

点面对应——应力圆上某一点的坐标值与单元体相应面上的正应力和剪应力的数值对应。

转向对应——半径旋转方向与单元体截面外法线旋转方向一致。

二倍角对应——半径转过的角度是截面外法线旋转角度的两倍，如图 6.8（a）所示。

6.1.2.3　主应力及主平面的计算

主平面是特殊的斜截面，主平面上只有正应力而无剪应力。根据这一特点，确定主平面的位置及主应力的大小。

利用应力圆求主应力及主平面位置十分方便。现以图 6.8（a）所示的单元体为例说明。从作出的应力圆图 6.8（b）上可以看出，A_1、A_2 两点的纵坐标都等于零，表示单元体上对应截面上的剪应力为零，因此这两点对应的截面即为主平面，A_1、A_2 点的横坐标分别表示主平面上的两个主应力值：

$$\sigma_{\max} = OA_1 = OC + CA_1 = \frac{\sigma_x + \sigma_y}{2} + \sqrt{\left(\frac{\sigma_x - \sigma_y}{2}\right)^2 + \tau_x^2} \tag{6.3}$$

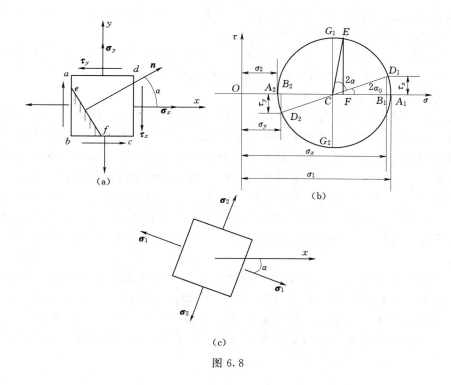

图 6.8

$$\sigma_{\min} = OA_2 = OC - CA_2 = \frac{\sigma_x + \sigma_y}{2} - \sqrt{\left(\frac{\sigma_x - \sigma_y}{2}\right)^2 + \tau_x^2} \tag{6.4}$$

求得 $\sigma_{\max}$ 与 $\sigma_{\min}$ 以后，再与已知的第三个主平面上的主应力（该单元体中为零）比较，就可以排列出三个主应力的顺序了，分别为 σ_1、σ_2 和 σ_3。

利用应力圆还可以确定主平面位置。圆上 D_1 点到 A_1 点是顺时针旋转 $2\alpha_0$，在单元体上是由 x 轴按顺时针旋转 α_0 便可确定主平面的法线位置，如图 6.8（c）所示。从应力圆上可得主平面位置：

$$\tan 2\alpha_0 = -\frac{B_1 D_1}{CB_1} = \frac{-2\tau_x}{\sigma_x - \sigma_y} \tag{6.5}$$

6.1.2.4 最大剪应力的计算

如图 6.8（b）所示的应力圆上最高点 G_1 及最低点 G_2 显然是最大剪应力 $\tau_{\max}$ 和最小剪应力 $\tau_{\min}$ 对应的位置，因此两点的纵坐标分别为 $\tau_{\max}$、$\tau_{\min}$ 的值；其方位角由 $D_1 G_1$ 弧和 $D_1 G_2$ 弧所对的圆心角之一半量得。由此求得最大、最小剪应力的数值：

$$\left.\begin{array}{r} \tau_{\max} \\ \tau_{\min} \end{array}\right\} = \pm\frac{1}{2}\sqrt{(\sigma_x - \sigma_y)^2 + 4\tau_x^2} \tag{6.6}$$

又因为应力圆的半径等于 $\dfrac{\sigma_{\max} - \sigma_{\min}}{2}$，故还可以写成

$$\left.\begin{array}{r} \tau_{\max} \\ \tau_{\min} \end{array}\right\} = \pm\frac{\sigma_{\max} - \sigma_{\min}}{2} \tag{6.7}$$

式中：σ_{max} 和 σ_{min} 分别指该平面应力状态中（图 6.8 所示的平面内）最大和最小的主应力，不包括垂直于平面方向的主应力。

在应力圆上，由 A_1 到 G_1，所对圆心角为逆时针转向的 $90°$；在单元体内，由 σ_1 所在主平面的法线到 τ_{max} 所在平面的法线为逆时针转向的 $45°$。

6.1.2.5　主应力轨迹线的应用

对于任一平面应力状态的构件，我们都可以求出任意一点的两个主应力的大小及方向。如果掌握构件内部主应力的变化规律，对于结构的设计是非常有利的。例如在设计钢筋混凝土梁时，如果知道主应力方向变化的情况，则可以据此判断梁上裂缝可能发生的方向，从而恰当地配置钢筋，更有效地发挥钢筋的抗拉作用。在工程设计中，有时需要根据构件上各计算点的主应力方向，绘制出两组彼此正交的曲线，在这些曲线上任意一点处的切线方向即为该点的主应力方向。我们把这种曲线叫作主应力轨迹线。其中的一组是主拉应力 σ_1 的轨迹线，另一组是主压应力 σ_3 的轨迹线。

下面以简支梁在均布荷载作用下的情况为例，介绍梁主应力轨迹线的绘制方法：首先对承受均布荷载的简支梁取若干个横截面，如图 6.9（a）所示，且在每个横截面选定若干个计算点，然后求出每个计算点处的主拉应力 σ_1 和主压应力 σ_3 的大小和方向，再按各点处的主应力方向绘制出梁的主应力轨迹线，如图 6.9（b）所示。

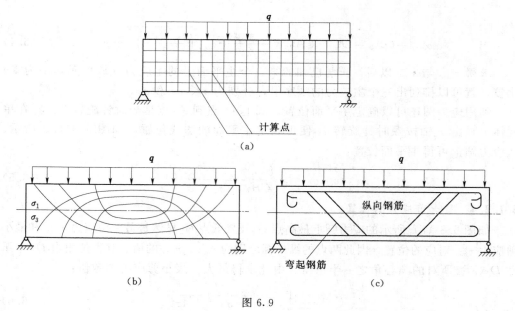

图 6.9

根据对承受均布荷载简支梁的主应力轨迹线的绘制和分析可以看出，在梁的上、下边缘附近的主应力轨迹线是水平线；在梁的中性层处，主应力轨迹线的倾角为 $45°$。因为水平方向的主拉应力 σ_1 可能使梁发生竖向裂缝；倾斜方向的主拉应力 σ_1 可能使梁发生斜向的裂缝。所以在钢筋混凝土梁中，不但需要配置纵向抗拉钢筋，还需要配置斜向弯起钢筋，如图 6.9（c）所示。

6.1.3 学习任务解析——铸铁试件在压缩实验中的破坏原因分析

可通过构件内部点的应力状态的分析与计算，了解到一点的应力状态、主应力、主平面、主单元体和主应力迹线的相关概念。依据解析法和图解法进行应力状态分析与计算。

下面来分析铸铁试件压缩的破坏现象以及原因，需要研究铸铁直杆在压缩时各个截面上的应力情况，找到最大应力发生的方位。

从受压的铸铁直杆中取出单元体，即为主单元体，如图 6.1（a）、（b）所示。三个主平面为横截面以及与之相垂直的两个纵截面，三个主应力，对于压缩状态时：为 $\sigma_3 = \sigma = -\dfrac{F}{A}$，$\sigma_1 = \sigma_2 = 0$；对于拉伸状态时：为 $\sigma_1 = \sigma = \dfrac{F}{A}$，$\sigma_2 = \sigma_3 = 0$。所以，轴向拉伸或压缩时，直杆内各点均处于单向应力状态，它是双向应力状态的特殊情况。令 $\sigma_x = \sigma$，$\sigma_y = 0$，$\tau_x = 0$，由任一斜截面的应力公式（6.1）和（6.2）有

$$\sigma_\alpha = \frac{\sigma}{2}(1 + \cos 2\alpha)$$

$$\tau_\alpha = \frac{\sigma}{2}\sin 2\alpha$$

因为轴向拉伸或压缩时，直杆横截面上的应力是均匀分布的，所以各点处在 α 截面上的应力也应该相等。由上式可以看出：

（1）当 $\alpha = 0$ 时，即在横截面上，正应力最大，$\sigma_{\max} = \sigma$，剪应力等于零。

（2）当 $\alpha = 45°$ 时，即在与轴线成 $\pm 45°$ 的斜截面上，剪应力有极值：

$$\frac{\tau_{\max}}{\tau_{\min}} = \pm \frac{\sigma}{2}$$

但正应力 $\sigma_{\alpha=45°} = \dfrac{\sigma}{2} \neq 0$。

由于铸铁的抗拉强度低，拉伸实验时横截面上有最大拉应力，所以铸铁试件常沿横截面断开。铸铁试件受压时，其破坏面与杆轴线约成 45°，这是由于该面上最大剪应力过大造成的。

【例 6.1】 试分别用解析法和图解法求图 6.10（a）所示单元体斜截面上的应力（单位为 MPa）。

解：（1）解析法。

由单元体可知：

$$\sigma_x = 70\text{MPa}，\ \sigma_y = -70\text{MPa}，\ \tau_x = 0，\ \alpha = 30°$$

代入式（6.1）和式（6.2）得

$$\sigma_\alpha = \frac{\sigma_x + \sigma_y}{2} + \frac{\sigma_x - \sigma_y}{2}\cos 2\alpha - \tau_x \sin 2\alpha$$

$$= \frac{70 + (-70)}{2} + \frac{70 - (-70)}{2}\cos 60° - 0 = 35(\text{MPa})$$

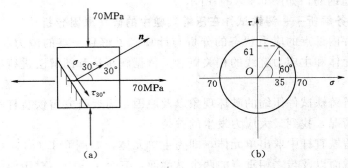

图 6.10

$$\tau_\alpha = \frac{\sigma_x - \sigma_y}{2}\sin2\alpha + \tau_x\cos2\alpha = \frac{70 - (-70)}{2}\sin60° + 0 = 61(\text{MPa})$$

（2）图解法。

1）选取比例，并画出坐标系 $\sigma - \tau$。

2）画出应力圆，如图 6.10（b）所示。

3）求斜截面上的应力，量得：$\sigma_\alpha = 35\text{MPa}$，$\tau_\alpha = 61\text{MPa}$。

【例 6.2】 试用解析法求图 6.11（a）所示应力状态的主应力及其方向，并在单元体上画出主应力的方向（各应力单位：MPa）。

解：根据主应力计算公式，有

$$\begin{aligned}\sigma_{\max} \\ \sigma_{\min}\end{aligned} = \frac{\sigma_x - \sigma_y}{2} \pm \sqrt{\left(\frac{\sigma_x - \sigma_y}{2}\right)^2 + \tau_x^2}$$

$$= \frac{-30 + 50}{2} \pm \sqrt{\left(\frac{-30 - 50}{2}\right)^2 + 20^2}$$

$$= 10 \pm 44.72 = \begin{matrix}54.72 \\ -34.72\end{matrix}(\text{MPa})$$

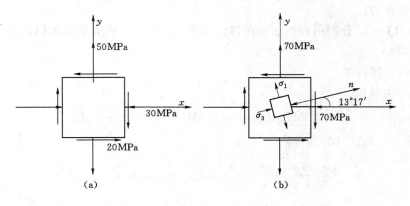

图 6.11

148

$$\tan 2\alpha_0 = -\frac{2\tau_x}{\sigma_x - \sigma_y} = -\frac{2 \times 20}{-30 - 50} = 0.5$$

$$\alpha_0 = 13°17'$$

由于第三个主平面上的主应力为零，所以此单元体的三个主应力分别为 $\sigma_1 = 54.72\mathrm{MPa}$；$\sigma_2 = 0$；$\sigma_3 = -34.72\mathrm{MPa}$。因 $\sigma_x < \sigma_y$，所以从 σ_x（x 轴）逆时针方向量取 $13°17'$ 即为 σ_3 的方向，σ_1 和 σ_3 作用面垂直，画到单元体上如图 6.11（b）所示。

【例 6.3】 在横力弯曲和弯扭组合变形中，经常遇到如图 6.12（a）所示的应力状态。设 σ 和 τ 已知，试确定主应力的大小和主平面的方位。

解： 首先采用解析法计算，有

$$\sigma_x = \sigma, \ \tau_x = \tau, \ \sigma_y = 0, \ \tau_y = -\tau$$

代入主应力计算公式，有

$$\left.\begin{matrix}\sigma_1 \\ \sigma_3\end{matrix}\right\} = \frac{\sigma}{2} \pm \sqrt{\left(\frac{\sigma}{2}\right)^2 + \tau^2}$$

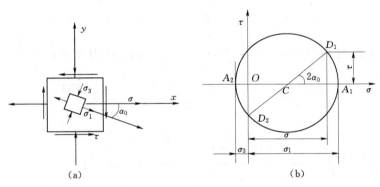

图 6.12

由于在根号前取 "－" 号的主应力一定为负值，即为压应力，记为 σ_3，而 $\sigma_2 = 0$。另有

$$\tan 2\alpha_0 = -\frac{2\tau}{\sigma}$$

由此可以确定主平面的位置。

同时可以作出应力圆的草图［图 6.12（b）］，作为分析计算的辅助工具，帮助检查计算结果的正确性。

【例 6.4】 如图 6.13（a）所示一矩形截面简支梁，矩形尺寸：$b = 80\mathrm{mm}$，$h = 160\mathrm{mm}$，跨中作用集中荷载 $F = 20\mathrm{kN}$。试计算距离左端支座 $x = 0.3\mathrm{m}$ 的 D 处截面中性层以上 $y = 20\mathrm{mm}$ 某点 K 的主应力、最大剪应力及其方位，并用单元体表示出主应力。

解：（1）计算 D 处的剪应力及弯矩。

$$Q_D = F_A = 10\mathrm{kN}, \ M_D = F_A x = 3(\mathrm{kN \cdot m})$$

149

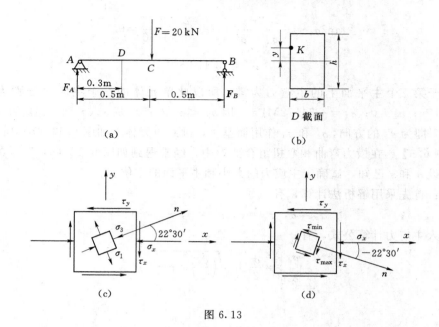

图 6.13

（2）计算 D 处截面中性层以上 20mm 处 K 点的正应力及剪应力。

$$\sigma_K = -\frac{M_D \cdot y}{I_z} = -\frac{3 \times 10^6 \times 20}{\frac{1}{12} \times 80 \times 160^3} = -2.2(\text{MPa})$$

$$\tau_K = \frac{Q_D S_z^*}{I_z b} = \frac{Q_D b\left(\frac{h}{2} - y\right) \times \frac{1}{2}\left(\frac{h}{2} + y\right)}{I_z b}$$

$$= \frac{10 \times 10^3 \times 80 \times \left(\frac{160}{2} - 20\right) \times \frac{1}{2} \times \left(\frac{160}{2} + 20\right)}{\frac{80 \times 160^3}{12} \times 80} = 1.1(\text{MPa})$$

（3）计算主应力及其方位。

取 K 点单元体如图 6.13（c）所示，$\sigma_x = \sigma_K = -2.2\text{MPa}$，因梁的纵向纤维之间互不挤压，故 $\sigma_y = 0$；$\tau_x = \tau_K = 1.1\text{MPa}$

$$\begin{matrix} \sigma_1 \\ \sigma_3 \end{matrix} = \frac{-2.2}{2} \pm \sqrt{\left(\frac{-2.2}{2}\right)^2 + 1.1^2} = \begin{matrix} 0.46 \\ -2.66 \end{matrix}(\text{MPa})$$

主平面位置
$$\tan 2\alpha_0 = \frac{-2 \times 1.1}{-2.2} = 1$$

$$\alpha_0 = 22°30'$$

因 $\sigma_x < \sigma_y$，所以 α_0 是 σ_3 所在截面与 σ_x 作用面的夹角。表示到单元体上如图 6.13（c）所示。

150

（4）计算最大剪应力及其方位。

$$\begin{matrix} \tau_{\max} \\ \tau_{\min} \end{matrix} = \pm\sqrt{\left(\frac{-2.2}{2}\right)^2 + 1.1^2} = \pm 1.56(\text{MPa})$$

方位角 $$\tan2\alpha_1 = \frac{-2.2}{2\times 1.1} = -1$$

$\alpha_1 = -22°30'$，表示到单元体上如图 6.13（d）所示。

任务6.2　强　度　理　论

6.2.1　学习任务导引——铸铁薄壁圆管的强度

工程中构件同时发生两种或两种以上的基本变形，称为组合变形，此时构件内部点处于复杂应力状态。强度理论是研究材料在复杂应力状态下是否破坏的理论。材料在外力作用下有两种不同的破坏形式：第一种是在不发生显著塑性变形时的突然断裂，称为脆性破坏；第二种是因为发生显著塑性变形而不能继续承载的破坏，称为塑性破坏。破坏的原因十分复杂，那么根据什么对材料进行强度校核及设计呢？

铸铁薄壁圆管如图 6.14 所示。若管的外径为 200mm，厚度为 15mm，管内压力 $p=4\text{MPa}$，外力 $F=200\text{kN}$。铸铁的抗拉许用应力 $[\sigma_t]=30\text{MPa}$，$\nu=0.25$。试对薄管进行校核。

下一小节的学习内容里学习的强度理论，可以帮助我们解决这个问题。

6.2.2　学习内容

6.2.2.1　强度理论的概念

各种材料因强度不足而引起的失效现象是不同的。塑料材料，如普通碳钢，以发生屈服现象、出现塑性变形为失效的标志。脆性材料，如铸铁，失效现象

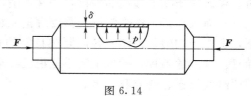

图 6.14

是突然断裂。在单向受力情况下，出现塑性变形时的屈服极限 σ_s 和发生断裂时的强度极限 σ_b，可以由实验测定。σ_s 和 σ_b 统称为失效应力。失效应力除以安全系数，便得到许用应力 $[\sigma]$，于是建立强度条件

$$\sigma \leqslant [\sigma]$$

可见，在单向应力状态下，由于构件内的应力状态比较简单，失效状态或强度条件以实验为基础是容易建立的。

实际构件危险点的应力状态往往不是单向应力状态。进行复杂应力状态下的实验，要比单向拉伸或压缩困难得多，甚至很难以采用实验的办法来确定失效应力。况且，复杂应力状态中应力组合的方式和比值，又有各种可能的方式。如果像单向拉伸一样，靠实验来确定失效状态，建立强度条件，则必须对各种各样的应力状态一一进行实验，确定失效应力，然后建立强度条件。由于技术上的困难和工作上的繁重，通

常是很难实现的。

经过人们大量的生产实践和科学实验，人们发现，尽管失效现象比较复杂，但是通过归纳，强度不足引起的失效现象主要有两种形式：一种是断裂，包括拉断、压坏和剪断；另一种是塑性流动，即构件发生较大的塑性变形，从而影响正常使用。但是，要确定哪一种材料在达到危险状态时必定是断裂或塑性流动，哪一类构件在达到危险状态时必定是拉断或是剪断是不可能的。因为由同一种材料制成的构件在不同的荷载作用下，或者同一类构件所处的荷载条件相同，但材料不同，所达到的危险状态不一定都相同，即失效的情况不一定相同。例如，低碳钢制成的构件在单向应力状态下会发生明显的塑性流动，即材料发生屈服，但在复杂应力状态下，有时会发生脆性断裂，而无明显的塑性流动。又如受扭的圆杆，若该杆由木材制成，则沿纵截面剪断，而由铸铁制成时，则沿 45°方向拉断。

为了解决强度问题，人们在长期的生产活动中，综合分析材料的失效现象和资料，对强度失效提出各种假说。这些假说认为，材料之所以按某种方式失效，是应力、应变或变形能等因素中的某一因素引起的，可以根据材料受简单拉伸或压缩时达到危险状态（失效状态）的某一因素，作为衡量在复杂应力状态下达到危险状态的强度准则，由此建立起强度条件。这些假说通常称为强度理论。也就是依据强度理论，便可由简单应力状态的实验结果，建立复杂应力状态的强度条件。

强度理论既然是推测强度失效原因的一些假说，它是否正确，适用于什么情况，必须由生产实践来检验。经常是适用于某种材料的强度理论，并不适用于另一种材料；在某种条件下适用的理论，却又不适用于另一种条件。

下面来介绍工程中常用的强度理论及相应的强度条件。这些都是在常温、静荷载下，适用于均匀、连续、各向同性材料的强度理论。当然，强度理论远不止这几种。而且，现有的各种强度理论还不能说已经全面地解决了所有强度问题。在这方面仍然需要继续探索、研究和发展。

6.2.2.2　常用的四种强度理论

1. 常用的四种强度理论

目前常用的强度理论，按提出的先后顺序，习惯上称为第一、第二、第三、第四强度理论。

（1）最大拉应力理论（第一强度理论）。

该理论认为：材料的断裂破坏取决于最大拉应力，即不论材料处于哪种应力状态，当三个主应力中的主应力 σ_1 达到单向应力状态破坏时的正应力时，材料便会发生断裂破坏。其相应的强度条件是

$$\sigma_1 \leqslant [\sigma] \tag{6.8}$$

式中：$[\sigma]$ 是材料轴向拉伸时的许用应力。

实验证明，该理论只适用于少数脆性材料受拉伸的情况，对别的材料和其他受力情况不是很可靠。

（2）最大伸长线应变理论（第二强度理论）。

该理论认为：材料的断裂破坏取决于最大伸长线应变，即不论材料处于哪种应力

状态，当三个主应变（沿主应力方向的应变称为主应变，记作 ε_1、ε_2、ε_3）中的主应变 ε_1 达到单向应力状态破坏时的正应变时，材料便会发生断裂破坏。其相应的强度条件是

$$\varepsilon_1 \leqslant [\varepsilon]$$

用正应力形式表示，第二强度理论的强度条件是

$$\sigma_1 - \nu(\sigma_2 + \sigma_3) \leqslant [\sigma] \tag{6.9}$$

该理论与少数脆性材料实验结果相符，对于具有一拉一压主应力的双向应力状态，实验结果也与此理论计算结果相近；但对塑性材料，则不能被实验结果所证明。该结论适用范围较小，目前已很少采用。

（3）最大剪应力理论（第三强度理论）。

该理论认为：材料的破坏取决于最大剪应力，即不论材料处于哪种应力状态，当最大剪应力达到单向应力状态破坏时的最大剪应力，材料便会发生破坏。其相应的强度条件是

$$\tau_{\max} \leqslant [\tau]$$

用正应力形式表示，第三强度理论的强度条件是

$$\sigma_1 - \sigma_3 \leqslant [\sigma] \tag{6.10}$$

实验证明，该理论对塑性材料的屈服现象给予了合理的解释。相对偏于安全，因而应用较广泛。但对于三相受拉应力状态下材料发生破坏，该理论还无法解释。

（4）形状改变比能理论（第四强度理论）。

该理论认为：材料的破坏取决于形状改变比能，即不论材料处于哪种应力状态，当形状改变比能达到单向应力状态破坏时的形状改变比能，材料便会发生破坏。构件单位体积内储存的变形能称为比能。其相应的强度条件是

$$v_d \leqslant [v_d]$$

式中：v_d 为形状改变能密度。

用正应力形式表示，第四强度理论的强度条件是

$$\sqrt{\frac{1}{2}\left[(\sigma_1 - \sigma_2)^2 + (\sigma_2 - \sigma_3)^2 + (\sigma_3 - \sigma_1)^2\right]} \leqslant [\sigma] \tag{6.11}$$

实验表明，对于许多塑性材料，该理论与实验情况基本相符。因为这个理论综合考虑了三个主应力的共同影响，所以更接近于实验结果，比较经济。但是按照该理论，在三向受拉时，材料不会发生破坏，这与实际情况不相符。

可将上述式（6.8）、式（6.9）、式（6.10）、式（6.11）四个强度理论条件统一写成如下形式

$$\sigma_r \leqslant [\sigma] \tag{6.12}$$

式中：σ_r 称为相当应力，它由三个主应力按一定形式组合而成。

按照从第一强度理论到第四强度理论的顺序，相当应力分别为

$$
\left.\begin{aligned}
\sigma_{r1} &= \sigma_1 \\
\sigma_{r2} &= \sigma_1 - \nu(\sigma_2 + \sigma_3) \\
\sigma_{r3} &= \sigma_1 - \sigma_3 \\
\sigma_{r4} &= \sqrt{\frac{1}{2}\left[(\sigma_1 - \sigma_2)^2 + (\sigma_2 + \sigma_3)^2 + (\sigma_3 + \sigma_1)^2\right]}
\end{aligned}\right\} \tag{6.13}
$$

除了以上四个强度理论外，在工程地质与土力学中还经常应用到"莫尔强度理论"。该理论的详细论述参见相关书籍，这里不作具体介绍。

2. 强度理论的适用范围及应用举例

（1）在三向拉应力状态下，无论是脆性材料还是塑性材料，都将发生脆性断裂破坏，应该采用第一强度理论。在三向压应力状态下，无论是脆性材料还是塑性材料，都将发生塑性屈服破坏，应该采用第三、四强度理论。

（2）对于塑性材料，除三向拉应力状态外，在其他复杂应力状态下发生的破坏，可采用第三、四强度理论。

（3）对于脆性材料，在二向拉伸应力状态及二向拉压应力状态且拉应力值较大的情况下，应采用第一强度理论；在二向拉压应力状态且压应力值较大的情况下，应采用第二强度理论。

应用强度理论对处于复杂应力状态的构件进行强度计算时，可按下列步骤进行：

（1）分析构件危险点处的应力，并计算危险点处单元体的主应力 σ_1、σ_2、σ_3。

（2）选用合适的强度理论，确定相当应力 σ_r。

（3）建立强度条件，进行强度计算。

6.2.3　学习任务解析——铸铁薄壁圆管的强度校核

【例 6.5】　下面我们应用强度理论来解决前面学习任务导引中的薄壁圆管强度问题。

解：由于是铸铁材料，我们采用第一和第二强度理论进行校核计算。

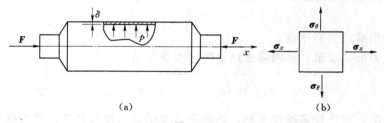

(a)　　　　　　　　　　(b)

图 6.15

首先分析筒内壁上点的应力状态，取单元体如图 6.15（b）所示，

薄壁圆管内径为　　　　　　$D = 200 - 30 = 170$（mm）

容器封头上总压力为 $F' = p \times \dfrac{\pi D^2}{4}$

薄壁横截面面积为 $A = \pi D \delta$

薄壁圆管轴线方向应力为

$$\sigma_x = \frac{F' - F}{A} = \frac{p \times \dfrac{\pi D^2}{4} - F}{\pi D \delta} = \frac{pD}{4\delta} - \frac{F}{\pi D \delta}$$

$$= \frac{4 \times 10^6 \times 0.17}{4 \times 0.015} - \frac{200 \times 10^3}{3.14 \times 0.17 \times 0.015} = -13.64(\text{MPa})$$

薄壁圆管环向应力为

$$\sigma_\theta = \frac{p \times D \times l}{2l\delta} = \frac{pD}{2\delta} = \frac{4 \times 10^6 \times 0.17}{2 \times 0.015} = 22.66(\text{MPa})$$

所以 $\sigma_1 = 22.66\text{MPa}, \sigma_2 = 0, \sigma_3 = -13.64\text{MPa}$

采用第一强度理论校核

$$\sigma_{r1} = \sigma_1 = 22.66\text{MPa} < [\sigma_t]$$

采用第二强度理论校核

$$\sigma_{r2} = \sigma_1 - \nu(\sigma_2 + \sigma_3) = 22.66 - 0.25 \times (0 - 13.64) = 26.07(\text{MPa}) < [\sigma_t]$$

薄壁圆管强度满足要求。

【例 6.6】 某一铸铁零件，在危险点处的应力状态主应力 $\sigma_1 = 24\text{MPa}, \sigma_2 = 0$，$\sigma_3 = -36\text{MPa}$。已知材料的 $[\sigma_t] = 35\text{MPa}$，$\nu = 0.25$，试校核其强度。

解： 因为铸铁是脆性材料，因此选用第二强度理论，其相当应力

$$\sigma_{r2} = \sigma_1 - \nu(\sigma_2 + \sigma_3) = 24 - 0.25 \times (0 - 36) = 33(\text{MPa}) < [\sigma_t]$$

所以该零件是安全的。

如果选用第三强度理论，其相当应力

$$\sigma_{r3} = \sigma_1 - \sigma_3 = 24 - (-36) = 60(\text{MPa}) > [\sigma_t]$$

按第三强度理论计算，零件则不安全，但实际上该零件是安全的，因为铸铁属于脆性材料，不适用第三强度理论。

【例 6.7】 某一铸铁制成的构件，其危险点处的应力状态如图 6.16 所示，已知 $\sigma_x = 30\text{MPa}$，$\tau_x = 30\text{MPa}$。材料的许用拉应力 $[\sigma_t] = 50\text{MPa}$，许用压应力 $[\sigma_c] = 130\text{MPa}$。试校核此构件的强度。

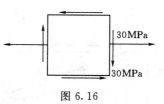

图 6.16

解： 危险点处的主应力为

$$\begin{aligned} \sigma_1 \\ \sigma_3 \end{aligned} = \frac{\sigma_x}{2} \pm \sqrt{\left(\frac{\sigma_x}{2}\right)^2 + \tau_x^2} = \frac{30}{2} \pm \sqrt{\left(\frac{30}{2}\right)^2 + 30^2}$$

$$= 15 \pm 33.5 = \begin{aligned} +48.5 \\ -18.5 \end{aligned}(\text{MPa})$$

$$\sigma_2 = 0$$

因为铸铁是脆性材料，所以采用第一强度理论进行强度校核，其相当应力为

$$\sigma_{r1} = \sigma_1$$

故

$$\sigma_{r1} = \sigma_1 = 48.5\text{MPa} < [\sigma_t] = 50\text{MPa}$$

$$\sigma_3 = -18.5\text{MPa} < [\sigma_c] = 130\text{MPa}$$

故该铸铁构件满足强度要求。

【例 6.8】　某单元体的应力状态如图 6.17（a）所示，试用图解法求三个主应力值，画出三向应力图，并求最大剪应力。

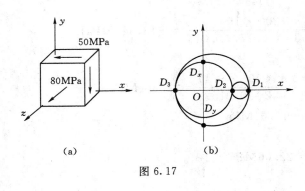

图 6.17

解：这是一个三向应力状态单元体，注意到前、后平面上无剪应力，即为主平面，故另外两个垂平面必垂直于 xy 平面。沿已知主应力（图中 z 轴）平行截取任一斜截面，此时可得到类似平面应力状态的单元体，根据图解法画出 D_x（0，50）、D_y（0，-50）两点，作应力圆如图 6.17（b）所示，从图中可知 D_2、D_3 点坐标为主应力，比较已知主应力，可得三个主应力值分别为

$$\sigma_1 = 80\text{MPa}, \quad \sigma_2 = 50\text{MPa}, \quad \sigma_3 = -50\text{MPa}$$

如图 6.17（b）所示即为三向应力圆，从图中可得最大剪应力为

$$\tau_{\max} = \frac{\sigma_1 - \sigma_3}{2} = \frac{80 - (-50)}{2} = 65(\text{MPa})$$

【例 6.9】　如图 6.18（a）所示简支梁为 36a 工字梁，$F = 140\text{kN}$，$l = 4\text{m}$。A 点所在截面在 F 的左侧，且无限接近于 F。试求：（1）通过 A 点与水平线成 30°的斜面上的应力；（2）A 点的主应力及主平面位置。

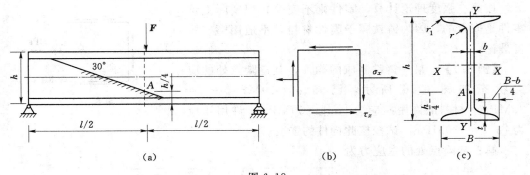

图 6.18

解：（1）A 点所在截面上的剪力和弯矩：

$$Q = \frac{F}{2} = \frac{140}{2} = 70(\text{kN}), \quad M = \frac{Fl}{4} = \frac{140 \times 4}{4} = 140(\text{kN} \cdot \text{m})$$

（2）A 点的应力状态，如图 6.18（b）所示。

（3）根据截面的几何性质，查表得

$$W = 875\text{cm}^3, \quad I_z = 15800\text{cm}^4,$$

$$h = 360\text{mm}, \quad B = 136\text{mm}, \quad b = 10\text{mm}, \quad t = 15.8\text{mm}$$

（4）A 点应力状态应力计算：

$$\sigma_x = \frac{M \cdot \dfrac{h}{4}}{I_z} = \frac{140 \times 10^3 \times \dfrac{0.36}{4}}{15800 \times 10^{-8}} = 79.75 \, (\text{MPa})$$

$$\sigma_y = 0$$

$$\tau_x = \frac{Q}{I_z b} \left\{ \frac{B}{8} \left[h^2 - (h-2t)^2 \right] + \frac{b}{2} \left[\frac{(h-2t)^2}{4} - \frac{h^2}{16} \right] \right\}$$

$$= \frac{70 \times 10^3}{15800 \times 10^{-8} \times 0.01} \left\{ \frac{0.136}{8} \times \left[0.36^2 - (0.36 - 2 \times 0.0158)^2 \right] \right.$$

$$\left. + \frac{0.01}{2} \times \left[\frac{(0.36 - 2 \times 0.0158)^2}{4} - \frac{0.36^2}{16} \right] \right\} = 20.56 \, (\text{MPa})$$

（5）斜截面上的应力计算：

$$\alpha = 60°$$

$$\sigma_\alpha = \frac{\sigma_x + \sigma_y}{2} + \frac{\sigma_x - \sigma_y}{2} \cos 2\alpha - \tau_x \sin 2\alpha$$

$$= \frac{79.75}{2} + \frac{79.75}{2} \cos 120° - 20.56 \sin 120° = 2.13 \, (\text{MPa})$$

$$\tau_\alpha = \frac{\sigma_x - \sigma_y}{2} \sin 2\alpha + \tau_x \cos 2\alpha$$

$$= \frac{79.75}{2} \sin 120° + 20.56 \cos 120° = 24.25 \, (\text{MPa})$$

（6）主应力计算：

$$\begin{cases} \sigma_{max} \\ \sigma_{min} \end{cases} = \frac{\sigma_x + \sigma_y}{2} \pm \sqrt{\left(\frac{\sigma_x - \sigma_y}{2} \right)^2 + \tau_x^2} = \frac{79.75}{2} \pm \sqrt{\left(\frac{79.75}{2} \right)^2 + 20.56^2}$$

$$= \begin{cases} 84.74 \, (\text{MPa}) \\ -4.99 \, (\text{MPa}) \end{cases}$$

所以 $\sigma_1 = 84.74 \text{MPa}$，$\sigma_2 = 0$，$\sigma_3 = -4.99 \text{MPa}$。

（7）主平面位置：

$$\tan 2\alpha_0 = -\frac{2\tau_x}{\sigma_x - \sigma_y} = -\frac{2 \times 20.56}{79.75} = -0.516$$

$$\alpha_0 = -27.29°, \quad \alpha_0 + 90° = 62.71°$$

小　结

1. 基本概念

一点处的应力状态，平面应力状态，主应力，主平面，主单元体，最大剪应力，主应力轨迹线。

2. 平面应力状态

（1）平面应力状态的解析法——公式法。

任一斜截面上的应力 $\sigma_\alpha = \dfrac{\sigma_x + \sigma_y}{2} + \dfrac{\sigma_x - \sigma_y}{2} \cos 2\alpha - \tau_x \sin 2\alpha$

$$\tau_\alpha = \frac{\sigma_x - \sigma_y}{2}\sin2\alpha + \tau_x\cos2\alpha$$

主应力
$$\left.\begin{array}{c}\sigma_{\max}\\[4pt]\sigma_{\min}\end{array}\right\} = \frac{\sigma_x - \sigma_y}{2} \pm \sqrt{\left(\frac{\sigma_x - \sigma_y}{2}\right)^2 + \tau_x^2}$$

主平面位置
$$\tan2\alpha_0 = \frac{-2\tau_x}{\sigma_x - \sigma_y}$$

最大剪应力
$$\left.\begin{array}{c}\tau_{\max}\\[4pt]\tau_{\min}\end{array}\right\} = \pm\frac{1}{2}\sqrt{(\sigma_x - \sigma_y)^2 + 4\tau_x^2}$$

（2）平面应力状态的图解法——应力圆法。

利用应力圆来确定单元体上任一斜截面上的应力时，必须掌握应力圆和单元体之间的对应关系。

3. 强度理论

（1）最大拉应力理论（第一强度理论）。

强度条件 $\sigma_1 \leqslant [\sigma]$

（2）最大伸长线应变理论（第二强度理论）。

强度条件 $\sigma_1 - \nu(\sigma_2 + \sigma_3) \leqslant [\sigma]$

（3）最大剪应力理论（第三强度理论）。

强度条件 $\sigma_1 - \sigma_3 \leqslant [\sigma]$

（4）形状改变比能理论（第四强度理论）。

强度条件 $\sqrt{\dfrac{1}{2}\big[(\sigma_1 - \sigma_2)^2 + (\sigma_2 - \sigma_3)^2 + (\sigma_3 - \sigma_1)^2\big]} \leqslant [\sigma]$

习　题

6.1　如图所示各个单元体的应力状态，试用解析法求：（1）指定斜截面上的应力；（2）主应力、主平面和主单元体；（3）最大剪应力。

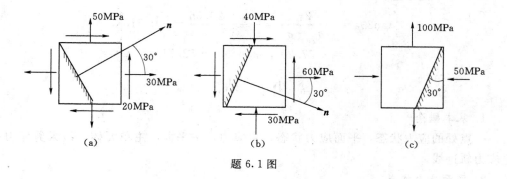

题 6.1 图

6.2　如图所示各个单元体处于平面应力状态，试用解析法和图解法分别求：（1）主应力及主平面；（2）最大剪应力及其作用面。

6.3　各个单元体地方应力状态如图所示，试求单元体的主应力及最大剪应力。

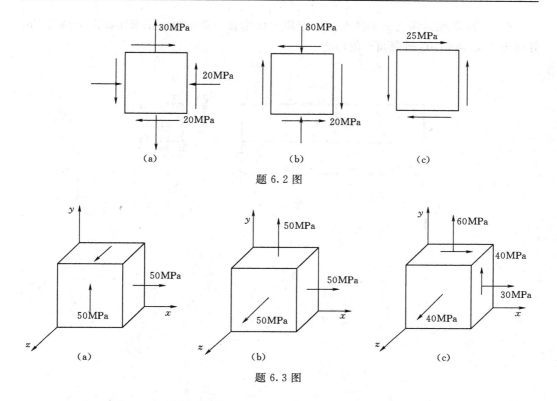

题 6.2 图

题 6.3 图

6.4　某梁横截面上的弯矩和剪力为 M、Q，如图所示，试用单元体表示该截面上点 1、点 2、点 3、点 4 的应力状态。

6.5　试分别采用第三强度理论和第四强度理论对铝合金构件进行强度校核。已知 $[\sigma]=120\text{MPa}$，$\nu=0.25$，危险点主应力分别为：

（1）$\sigma_1=75\text{MPa}$，$\sigma_2=36\text{MPa}$，$\sigma_3=-22\text{MPa}$；

（2）$\sigma_1=61\text{MPa}$，$\sigma_2=0$，$\sigma_3=-56\text{MPa}$。

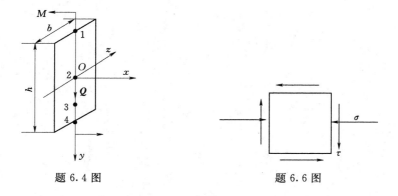

题 6.4 图　　　　　　　　　　题 6.6 图

6.6　已知图示单元体的应力为：$\tau=42\text{MPa}$，$\sigma=-75\text{MPa}$，试求：（1）画出单元体的主平面，并求出主应力；（2）画出剪应力为极值的单元体上应力；（3）材料为低碳钢，试分别按第三强度理论和第四强度理论计算单元体的相应应力。

6.7　矩形截面简支梁如图所示，在跨中作用有一集中力，试求距离左支座 0.5m 处截面上 C 点在 40°斜截面上的应力。

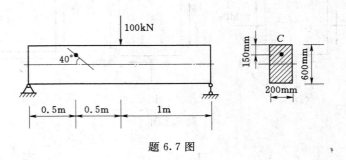

题 6.7 图

项目 7　组合变形构件的承载力分析

知识目标

　　通过本项目的学习，使学生掌握组合变形和基本变形间的关系，拉伸（压缩）与弯曲的组合及偏心压缩（拉伸）等组合变形的强度计算及截面核心的概念。培养学生根据基本变形计算理论来分析复杂的实际构件变形问题的能力。

能力目标

　　掌握组合变形的概念，了解组合变形与基本变形之间关系，熟练掌握拉伸（压缩）与弯曲的组合变形的内力和应力分析，掌握截面核心的概念及其在工程中的应用。重点是拉伸（压缩）与弯曲的组合以及偏心压缩（拉伸）组合变形的强度计算。

任务 7.1　斜弯曲变形承载能力的计算

7.1.1　学习任务导引

　　在实际工程中，结构所承受的荷载通常是比较复杂的，大多数构件往往会发生两种或两种以上的基本变形，这类变形称为组合变形。

　　在前面的项目中已经讨论了平面弯曲的问题，对于横截面具有竖向对称轴的梁，当所有外力或外力偶作用在梁的纵向对称面（即形心主惯性平面）内时，梁变形后的轴线是一条位于外力所在平面内的平面曲线，因而称之为平面弯曲。如图 7.1（a）所示屋架上的檩条，其矩形截面具有两个对称轴（即为形心主轴）。从屋面板传送到檩条上的荷载垂直向下，荷载作用线虽通过横截面的形心，但不与两形心主轴重合。如果我们将荷载沿着两个形心主轴方向分解〔图 7.1（b）〕，此时檩条在两个分荷载作用下，分别在横向对称平面（oxz 平面）和竖向对称平面（oxy 平面）内发生平面弯曲，这类构件的弯曲变形称为斜弯曲，它是两个互相垂直方向的平面弯曲的组合。

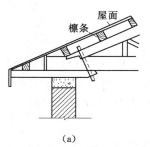

(a)　　　　　　　　　　(b)

图 7.1

在小变形和材料服从胡克定律的前提下，研究组合变形问题的方法是，首先将构件的组合变形分解为基本变形；然后计算构件在每一种基本变形情况下的应力；最后将同一点的应力叠加起来，便可得到构件在组合变形情况下的应力。

解决组合变形计算的基本原理是叠加原理，即在材料服从胡克定律，构件产生小变形，所求的力学量是荷载的一次函数的情况下，每一种基本变形都是各自独立、互不影响的。因此计算组合变形时可以将几种变形分别单独计算，然后再叠加，即得组合变形杆件的内力、应力和变形。本项目将重点讨论组合变形杆件的强度计算方法。

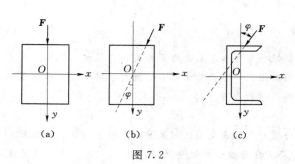

图 7.2

7.1 ②

组合变形的
基本概念

7.1.2　学习内容

7.1.2.1　受力分析

如果外力不作用在梁的纵向对称平面内，如图 7.2（b）所示，或者外力通过弯曲中心，但在不与截面形心主轴平行的平面内，如图 7.2（c）所示，在这种情况下，变形后梁的挠曲线所在平面与外力作用面不重合，这种弯曲变形称为斜弯曲。斜弯曲是梁在两个互相垂直方向平面弯曲的组合。

现以矩形截面悬臂梁为例，介绍斜弯曲的应力和强度计算。

如图 7.3（a）所示，设矩形截面的形心主轴分别为 y 轴和 z 轴，作用于梁自由端的外力 F 通过截面形心，且与形心主轴 y 的夹角为 φ。

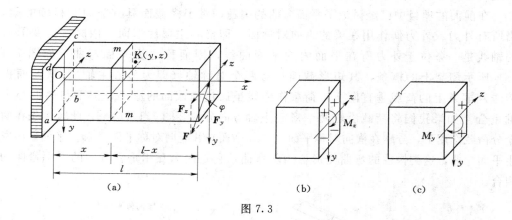

图 7.3

将外力 F 沿 y 轴和 z 轴分解得：$F_y = F\cos\varphi$，$F_z = F\sin\varphi$，F_y 将使梁在垂直平面 xy 内发生平面弯曲；而 F_z 将使梁在水平对称面 xz 内发生平面弯曲。可见，斜弯曲是梁在两个互相垂直方向平面弯曲的组合，故又称为双向平面弯曲。

7.1.2.2　内力计算

与平面弯曲一样，在斜弯曲梁的横截面上也有剪力和弯矩两种内力，但由于剪力引起的剪应力数值很小，常忽略不计。所以，在内力分析时，只考虑弯矩。在距固定

端为 x 的任意截面 $m-m$ 上由 F_y 和 F_z 引起的弯矩分别为：

$$M_z = F_y(l-x) = F(l-x)\cos\varphi = M\cos\varphi$$

$$M_y = F_z(l-x) = F(l-x)\sin\varphi = M\sin\varphi$$

式中：$M = F(l-x)$ 表示力 F 在 $m-m$ 截面上产生的总弯矩。

7.1.2.3　应力计算

在 $m-m$ 截面上任意点 $K(y,z)$ 处，与弯矩 M_z 和 M_y 对应的正应力分别为 σ' 和 σ''，即

$$\sigma' = \frac{M_z y}{I_z} = \frac{M\cos\varphi}{I_z}y$$

$$\sigma'' = \frac{M_y z}{I_y} = \frac{M\sin\varphi}{I_y}z$$

式中：I_z 和 I_y 分别为截面对 z 轴和 y 轴的惯性矩。

根据叠加原理，K 点处的总弯曲正应力，应该是上述两个正应力的代数和，即

$$\sigma = \sigma' + \sigma'' = \frac{M_z y}{I_z} + \frac{M_y z}{I_y} = M\left(\frac{\cos\varphi}{I_z}y + \frac{\sin\varphi}{I_y}z\right) \tag{7.1}$$

这就是斜弯曲梁内任意一点正应力的计算公式。

应用式（7.1）计算应力时，M 和 y、z 均可取绝对值，应力的正负号，可以根据梁的实际变形情况，由弯矩 M_z 和弯矩 M_y 分别引起所求点的正应力是拉应力还是压应力来确定，通常以拉应力为正号，压应力为负号。如图 7.3（b）、（c）所示，由 M_z 和 M_y 引起的 K 点处的正应力均为拉应力，故 σ' 和 σ'' 均为正值。

7.1.2.4　强度计算

进行强度计算时，首先需要确定危险截面和危险点的位置。对于图 7.3 所示的悬臂梁，当 $x=0$ 时，M_z 和 M_y 同时达到最大值。因此，固定端截面就是危险截面，根据构件的变形情况，可知棱角 c 点和 a 点是危险点，其中 c 点处为最大拉应力，a 点处为最大压应力，且 $|\sigma_c| = |\sigma_a| = \sigma_{max}$，设危险点的坐标分别为 z_{max} 和 y_{max}，由式（7.1）可得最大压应力为：

$$\sigma_{max} = \frac{M_{z\,max}y_{max}}{I_z} + \frac{M_{y\,max}z_{max}}{I_y} = \frac{M_{z\,max}}{W_z} + \frac{M_{y\,max}}{W_y}$$

式中：

$$W_z = \frac{I_z}{y_{max}}, \qquad W_y = \frac{I_y}{z_{max}}$$

若材料的抗拉和抗压强度相等，危险点处于单向应力状态，则其强度条件为

$$\sigma_{max} = \frac{M_{z\,max}}{W_z} + \frac{M_{y\,max}}{W_y} \leqslant [\sigma] \tag{7.2}$$

7.1.3　学习任务解析

【例 7.1】　某一矩形截面木檩条，简支在屋架上，其跨度为 $l=4\mathrm{m}$，荷载及截面尺寸如图 7.4 所示，材料许用应力 $[\sigma]=10\mathrm{MPa}$，试校核檩条强度。

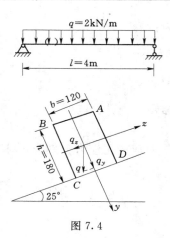

图 7.4

解：（1）受力分析。

将均布荷载 q 沿对称轴 y 和 z 分解，得

$$q_y = q\cos\varphi = 2\cos25° = 1.81(\text{kN/m})$$

$$q_z = q\sin\varphi = 2\sin25° = 0.85(\text{kN/m})$$

（2）内力计算。

跨中截面为危险截面

$$M_z = q_y l^2/8 = 1.81 \times 4^2/8 = 3.62(\text{kN} \cdot \text{m})$$

$$M_y = q_z l^2/8 = 0.85 \times 4^2/8 = 1.70(\text{kN} \cdot \text{m})$$

（3）强度计算。

跨中截面离中性轴最远的 A 点具有最大压应力，C 点具有最大拉应力，它们的值大小相等，是危险点。

$$W_z = \frac{bh^2}{6} = \frac{120 \times 180^2}{6} = 6.48 \times 10^5(\text{mm}^3)$$

$$W_y = \frac{hb^2}{6} = \frac{180 \times 120^2}{6} = 4.32 \times 10^5(\text{mm}^3)$$

$$\sigma_{max} = \frac{M_{z\,max}}{W_z} + \frac{M_{y\,max}}{W_y} = \frac{3.62 \times 10^6}{6.48 \times 10^5} + \frac{1.70 \times 10^6}{4.32 \times 10^5} = 9.52(\text{MPa}) < [\sigma] = 10\text{MPa}$$

则檩条的强度满足要求。

任务 7.2　弯曲与拉伸（压缩）组合变形承载能力的计算

7.2.1　学习任务导引

工程中的一些构件，除了由本身的自重而引起压缩变形外，例如还受到土壤水平压力的作用而产生弯曲变形，如图 7.5 所示的挡土墙；又如图 7.6 所示的烟囱，在自重和风荷载的共同作用下产生的是轴向压缩和弯曲的组合变形。

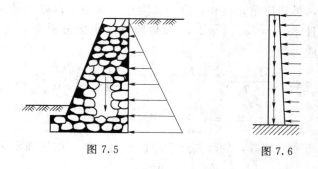

图 7.5　　　　　　　　　　图 7.6

7.2.2　学习内容

7.2.2.1　受力分析

如图 7.7 所示挡土墙，同时承受轴向力和横向力的共同作用。挡土墙在自重作用下将产生轴向压缩变形，在土压力作用下将产生弯曲变形，最后产生的变形为轴向压

缩与弯曲的组合变形。

下面以图 7.7 所示挡土墙为例，介绍压缩与弯曲组合变形的承载力计算。

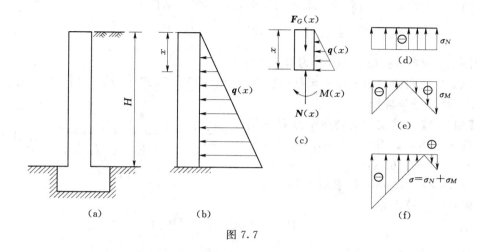

图 7.7

如图 7.7（b）所示为挡土墙的计算简图，其上所承受荷载有水平方向的土压力 $q(x)$ 和铅垂方向的自重。土压力使墙产生弯矩并引起弯曲变形，自重使墙产生轴向压力并引起压缩变形。

7.2.2.2 应力计算

在距挡土墙顶端为 x 的任一横截面上，由于自重作用产生均匀分布的压应力为

$$\sigma_N = -\frac{N(x)}{A}$$

由于土压力作用，在该截面上任一点产生的弯曲正应力为

$$\sigma_M = \pm\frac{M(x)y}{I_z}$$

因此，该截面上任一点的总应力为

$$\sigma = \sigma_N + \sigma_M = -\frac{N(x)}{A} \pm \frac{M(x)y}{I_z} \tag{7.3}$$

式中：第二项正负号由计算点处的弯曲正应力的正负号来决定，即杆件弯曲在该点产生拉应力时取正，反之取负。应力 σ_N、σ_M 和 σ 的分布情形分别如图 7.7（d）、（e）、（f）所示（图中所示为 $|\sigma_M| > |\sigma_N|$ 的情况）。

7.2.2.3 强度计算

对于上述的挡土墙，其底部截面的轴力和弯矩均为最大，所以是危险截面。危险截面上的最大和最小正应力为

$$\left.\begin{array}{r}\sigma_{\max} \\ \sigma_{\min}\end{array}\right\} = -\frac{N_{\max}}{A} \pm \frac{M_{\max}}{W_z} \tag{7.4}$$

当 $|\sigma_M| > |\sigma_N|$ 时，强度条件为

$$\sigma_{t,\max} = -\frac{N_{\max}}{A} + \frac{M_{\max}}{W_z} \leqslant [\sigma_t] \tag{7.5}$$

$$\sigma_{c,max} = \left| -\frac{N_{max}}{A} - \frac{M_{max}}{W_z} \right| \leqslant [\sigma_c] \qquad (7.6)$$

当 $|\sigma_M| < |\sigma_N|$ 时，全截面均为压应力，则强度条件为

$$\sigma_{c,max} = \left| -\frac{N_{max}}{A} - \frac{M_{max}}{W_z} \right| \leqslant [\sigma_c] \qquad (7.7)$$

式中：$[\sigma_t]$ 为容许拉应力；$[\sigma_c]$ 为容许压应力。

以上各式同样适用于拉伸与弯曲组合变形的情况，而式中的第一项应取正号。

7.2.3　学习任务解析

【**例 7.2**】　简支梁受轴向压力 P 和均布荷载 q 作用，如图 7.8 所示。已知 $q = 8kN/m$，$P = 16kN$，$l = 2.4m$，$b = 100mm$，$h = 200mm$，试求最大正应力。

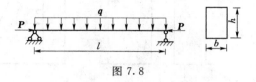

图 7.8

解：（1）求内力。

轴力　　　　　　　　$N = -P = -16kN$　　　　（压力）

最大弯矩　　　　$M_{max} = \dfrac{ql^2}{8} = \dfrac{8 \times 2.4^2}{8} = 5.76(kN \cdot m)$

（2）求最大正应力。

最大拉、压应力发生在该梁跨中截面的下、上边缘，按式（7.4）求得

$$\begin{matrix} \sigma_{max} \\ \sigma_{min} \end{matrix} = \frac{N}{A} \pm \frac{M_{max}}{W_z} = -\frac{16 \times 10^3}{100 \times 200} \pm \frac{6 \times 5.76 \times 10^6}{100 \times 200^2} = -0.8 \pm 8.64 = \begin{matrix} 7.84 \\ -9.44 \end{matrix} (MPa)$$

【**例 7.3**】　悬臂式起重机如图 7.9（a）所示，横梁 AB 为 No.18 号工字钢。电动滑车行走于横梁上，滑车自重与起重机总和为 $F = 30kN$，材料的 $[\sigma] = 160MPa$，试校核横梁 AB 的强度。

解：（1）支座反力计算。

当滑车行走到横梁中间 D 截面位置时，梁内弯矩最大。此时横梁 AB 的受力图，如图 7.9（b）所示。由平衡条件得：

$$\sum M_A = 0, \quad F_{By} \cdot 2.6 - F \cdot 1.3 = 0$$

$$F_{By} = \frac{1.3F}{2.6} = 15(kN)$$

$$F_{Bx} = \frac{F_{By}}{\tan\alpha} = \frac{15}{\tan 30°} = 26(kN)$$

$$\sum F_x = 0, \quad F_{Ax} = F_{Bx} = 26kN$$

$$\sum F_y = 0, \quad F_{Ay} = F - F_{By} = 15(kN)$$

（2）内力计算。

分别绘出横梁 AB 的轴力图，如图 7.9（c）所示；横梁 AB 的弯矩图，如图 7.9（d）所示，由此可知横梁 AB 的危险截面 D 处的轴力和弯矩分别为

$$N = F_{Ax} = -26kN$$

$$M_{max} = \frac{Fl}{4} = \frac{30 \times 2.6}{4} = 19.5(kN \cdot m)$$

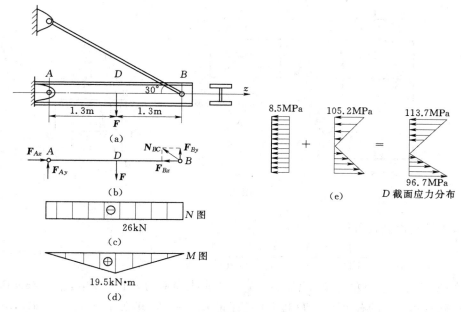

图 7.9

（3）应力计算

查附表得：$A = 30.756\text{cm}^2$，$W_z = 185\text{cm}^3$。

根据危险截面 D 的应力分布规律，如图 7.9（e）所示，其上边缘的最大压应力和下边缘的最大拉应力分别为：

$$\sigma_{c,max} = \frac{N}{A} - \frac{M_{max}}{W_z} = -\frac{26 \times 10^3}{30.756 \times 10^2} - \frac{19.5 \times 10^6}{185 \times 10^3} = -113.85(\text{MPa})$$

$$\sigma_{t,max} = \frac{N}{A} + \frac{M_{max}}{W_z} = -8.45 + 105.4 = 96.95(\text{MPa})$$

（4）强度校核

由于材料的 $[\sigma_t] = [\sigma_c] = [\sigma]$，横梁 AB 的危险点在 D 截面的上边缘各点处，并且为单向应力状态，所以强度校核用最大压应力的绝对值计算，即

$$\sigma_{max} = |\sigma_{c,max}| = 113.85\text{MPa} < [\sigma] = 160\text{MPa}$$

所以该横梁 AB 的强度满足要求。

【例 7.4】　某一矩形截面混凝土短柱，如图 7.10 所示，承受轴心压力 P 和力偶 M 的作用，已知 $P = 150\text{kN}$，$M = 9\text{kN} \cdot \text{m}$。试求：（1）当 $b = 120\text{mm}$，$h = 200\text{mm}$ 时，任一截面 $m—m$ 处的最大正应力；（2）当 $b = 120\text{mm}$ 时，h 为何值时，截面才不会出现拉应力，并求柱这时的最大压应力。

解：（1）截面 $m—m$ 处的最大正应力计算。

选取如图 7.10（b）所示为研究对象，根据静力平衡方程计算可得 $m—m$ 的内力为

$$N = -P = -150\text{kN}, \quad M_z = M = 9\text{kN} \cdot \text{m}$$

167

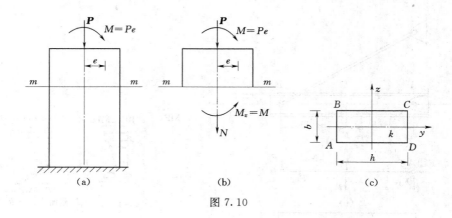

图 7.10

应力计算由公式可得：

$$\left.\begin{array}{c}\sigma_{\max}\\ \sigma_{\min}\end{array}\right\} = \frac{N}{A} \pm \frac{M_z}{W_z} = -\frac{150 \times 10^3}{120 \times 200} \pm \frac{6 \times 9 \times 10^6}{120 \times 200^2} = -6.25 \pm 11.25 = \left.\begin{array}{c}5\\ -17.5\end{array}\right\} (\text{MPa})$$

在截面 m—m 的左边缘（AB 边上）产生最大拉应力，其值为：$\sigma_{t,\max} = 5\text{MPa}$。

在截面 m—m 的右边缘（CD 边上）产生最大压应力，其值为：$\sigma_{c,\max} = -17.5\text{MPa}$。

（2）截面不出现拉应力，即满足以下公式

$$\sigma_{t,\max} = \frac{N}{A} + \frac{M_z}{W_z} = -\frac{150 \times 10^3}{120h} + \frac{6 \times 9 \times 10^6}{120h^2} = 0$$

解得，$h = 360\text{mm}$。

还可以利用下一个任务中讲述的截面核心的概念求解。截面不出现拉应力偏心距 e 应满足 $e \leqslant h/6$，则 $h \geqslant 6e = 6 \times 60 = 360(\text{mm})$。

此时柱的最大压应力为

$$\sigma_{c,\max} = \frac{N}{A} - \frac{M_z}{W_z} = -\frac{150 \times 10^3}{120 \times 360} - \frac{6 \times 9 \times 10^6}{120 \times 360^2} = -6.94(\text{MPa})$$

任务 7.3 偏心压缩（拉伸）组合变形承载能力计算

7.3.1 学习任务导引

当作用在杆件上的外力与杆件轴线平行但不重合时，杆件所发生的变形称为偏心压缩（拉伸）。这种外力称为偏心力，偏心力的作用点到截面形心的距离称为偏心距，常用 e 表示。偏心压缩（拉伸）可以分解为轴向压缩（拉伸）和弯曲两种基本变形的叠加组合。

偏心压缩（拉伸）是实际工程中一种比较常见的组合变形形式。例如混凝土重力坝刚建成还未挡水时，坝的各个水平截面仅受不通过形心的重力作用，此时变形为偏心压缩。如图 7.11（a）所示，工业厂房中的牛腿柱，由于承受的压力并不通过柱的轴线，加上桥式吊车的小车水平刹车力、风荷载等，也产生了压缩与弯曲的组合作用，当考虑屋架传来的荷载和吊车传来的荷载时，其简化图形如图 7.11（b）所示。

7.2 ⑦

偏心压缩杆件正应力的计算公式

这类组合变形称为偏心压缩。

根据偏心力作用点位置不同，常将偏心压缩分为单向偏心压缩和双向偏心压缩两种情况，下面分别讨论其强度计算。

7.3.2　学习内容

7.3.2.1　单向偏心压缩

当偏心压力 F 作用在截面上的某一对称轴（例如 y 轴）上的 K 点时，杆件产生的偏心压缩称为单向偏心压缩，如图 7.12（a）所示，这种情况在实际工程中比较常见。

1. 受力分析

将偏心力 F 向截面形心 O 点简化，得到一个轴心压力 F 和一个力偶矩为 $m=Fe$ 的力偶，如图 7.12（b）所示。

2. 内力计算

用截面法可求得任意横截面 m—m 上的内力为

$$N=-F,\quad M_z=m=Fe$$

由外力简化和内力计算结果可知，偏心压缩是轴向压缩与纯弯曲的变形组合。

3. 应力计算

根据叠加原理，将轴力 N 对应的正应力 σ_N 与弯矩 M 所对应的正应力 σ_M 叠加起来，即得单向偏心压缩时任一横截面上任一点处正应力的计算式

$$\sigma=\sigma_N+\sigma_M=\frac{N}{A}\pm\frac{M_z y}{I_z}=-\frac{F}{A}\pm\frac{Fe}{I_z}y \tag{7.8}$$

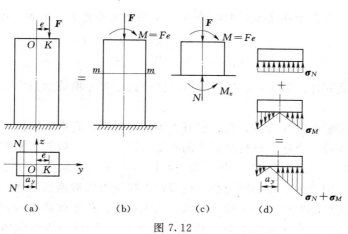

图 7.12

应用式（7.8）计算应力时，式中各量均以绝对值代入，公式中第二项前的正负号根据弯曲变形的实际情况确定，该点在受拉区为正，在受压区为负。

4. 最大应力

若不计柱自重，则各截面内力相同。由应力分布图，如图 7.12（d）所示。可知

169

偏心压缩时的中性轴不再通过截面形心，最大正应力和最小正应力分别发生在横截面上距中性轴 $N—N$ 最远的左、右两边缘上，其计算公式为

$$\sigma_{\max} \atop \sigma_{\min} = -\frac{F}{A} \pm \frac{Fe}{W_z} \tag{7.9}$$

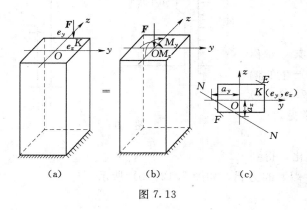

图 7.13

7.3.2.2　双向偏心压缩

当外力 F 不作用在对称轴上，而是作用在横截面上任意位置 K 点处时，如图 7.13（a）所示，产生的偏心压缩称为双向偏心压缩。这是偏心压缩的一般情况，其计算方法和步骤与单向偏心压缩相同。

若用 e_y 和 e_z 分别表示偏心压力 F 作用点到 z、y 轴的距离，将外力向截面形心 O 点简化后，得到一轴心压力 F 和对 y 轴的力偶矩 m_y = Fe_z，对 z 轴的力偶矩 $m_z = Fe_y$，如图 7.13（b）所示。根据截面法可求得杆件任一截面上的内力有轴力 $N = -F$、弯矩 $M_y = m_y = Fe_z$ 和 $M_z = m_z = Fe_y$。由此可见，双向偏心压缩实质上是压缩与两个方向纯弯曲的组合，或者是压缩与斜弯曲的组合变形。

根据叠加原理，可得杆件横截面上任意一点 $K(y,z)$ 处正应力的计算公式为

$$\sigma = \sigma_N + \sigma_{My} + \sigma_{Mz} = \frac{N}{A} \pm \frac{M_y}{I_y}z \pm \frac{M_z}{I_z}y = -\frac{F}{A} \pm \frac{Fe_z}{I_y}z \pm \frac{Fe_y}{I_z}y \tag{7.10}$$

最大和最小正应力发生在截面距中性轴 $N—N$ 最远的角点 E、F 处［图 7.13（c）］。

$$\sigma_{\max} \atop \sigma_{\min} = -\frac{F}{A} \pm \frac{M_y}{W_y} \pm \frac{M_z}{W_z} \tag{7.11}$$

上述各公式同样适用于偏心拉伸，但须将公式中第一项前面的负号改为正号。

7.3.2.3　截面核心

土木建筑工程中常用的砖、石、混凝土等脆性材料，它们的抗拉强度远远小于抗压强度，所以在设计由这类材料制成的偏心受压构件时，一般要求横截面上不出现拉应力。由式（7.7）、式（7.9）可知，当偏心压力 F 和截面形状、尺寸确定后，应力的分布只与偏心距有关。偏心距越小，横截面上拉应力的数值也就越小。因此，总可以找到包含截面形心在内的一个特定区域，当偏心压力作用在该区域内时，截面上就不会出现拉应力，这个区域称为截面核心。如图 7.14 所示的矩形截面杆，在单向偏心压缩时，要使横截面上不出现拉应力，就应使

$$\sigma_{\mathrm{t,max}} = -\frac{F}{A} + \frac{Fe}{W_z} \leqslant 0$$

将 $A = bh$、$W_z = \dfrac{bh^2}{6}$ 代入上式可得

$$1 - \frac{6e}{h} \geqslant 0$$

从而得 $e \leqslant \dfrac{h}{6}$，这说明当偏心压力作用在 y 轴上 $\pm \dfrac{h}{6}$ 范围以内时，截面上就不会出现拉应力。同理，当偏心压力作用在 z 轴上 $\pm \dfrac{h}{6}$ 范围以内时，截面上就不会出现拉应力。当偏心压力不作用在对称轴上时，可以证明将图中 1、2、3、4 点顺次用直线连接所得的菱形，即为矩形截面核心。常见截面的核心如图 7.15 所示。

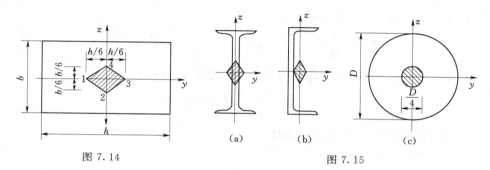

图 7.14

图 7.15

7.3.3 学习任务解析

【例 7.5】 如图 7.16 所示一厂房的牛腿柱，设由屋架传来的压力 $F_1 = 100\text{kN}$，由吊车梁传来的压力 $F_2 = 30\text{kN}$，F_2 与柱子的轴线有一偏心距 $e = 0.2\text{m}$。如果柱横截面宽度 $b = 180\text{mm}$，试求当 h 为多少时，截面才不会出现拉应力，并求柱这时的最大压应力。

解：（1）外力计算：

$$F = F_1 + F_2 = 130(\text{kN})$$

$$m_z = F_2 e = 30 \times 0.2 = 6(\text{kN} \cdot \text{m})$$

（2）内力计算：

用截面法可求得横截面上的内力为

$$N = -F = -130\text{kN}$$

$$M_z = m_z = F_2 e = 6(\text{kN} \cdot \text{m})$$

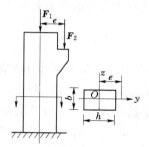

图 7.16

（3）应力计算：

若使截面上不出现拉应力，则必须使 $\sigma_{t,\max} = 0$，即

$$\sigma_{t,\max} = -\frac{F}{A} + \frac{M_z}{W_z} = -\frac{130 \times 10^3}{0.18h} + \frac{6 \times 10^3}{0.18h^2/6} = 0$$

解得 $h = 0.28\text{m}$。

此时柱的最大压应力发生在截面的右边缘上各点处，其值为

$$\sigma_{c,\max} = \frac{F}{A} + \frac{M_z}{W_z} = -\frac{130 \times 10^3}{0.18 \times 0.28} - \frac{6 \times 10^3}{\frac{1}{6} \times 0.18 \times 0.28^2} = -5.13(\text{MPa})$$

小　　结

（1）两种或两种以上的基本变形的组合称为组合变形。

（2）在小变形条件下，组合变形问题仍可采用叠加原理来求解。

（3）斜弯曲变形的强度条件为

$$\sigma_{\max} = \frac{M_{z\max}}{W_z} + \frac{M_{y\max}}{W_y} \leqslant [\sigma]$$

（4）弯曲与轴向拉伸（压缩）组合变形的强度条件

当 $|\sigma_M| > |\sigma_N|$ 时，强度条件为

$$\sigma_{t,\max} = -\frac{N_{\max}}{A} + \frac{M_{\max}}{W_z} \leqslant [\sigma_t] \text{ 和 } \sigma_{c,\max} = \left| -\frac{N_{\max}}{A} - \frac{M_{\max}}{W_z} \right| \leqslant [\sigma_c]$$

当 $|\sigma_M| < |\sigma_N|$ 时，全截面均为压应力，则强度条件为

$$\sigma_{c,\max} = \left| -\frac{N_{\max}}{A} - \frac{M_{\max}}{W_z} \right| \leqslant [\sigma_c]$$

（5）偏心压缩组合变形的强度条件

1）单向偏心压缩的强度条件：

$$\left. \begin{array}{c} \sigma_{\max} \\ \sigma_{\min} \end{array} \right\} = \frac{N}{A} \pm \frac{M_z}{W_z} \leqslant [\sigma]$$

2）双向偏心压缩的强度条件：

$$\left. \begin{array}{c} \sigma_{\max} \\ \sigma_{\min} \end{array} \right. = \frac{N}{A} \pm \frac{M_z}{W_z} \pm \frac{M_y}{W_y} \leqslant [\sigma]$$

（6）截面核心：当偏心压力作用点位于截面形心周围的一个区域内时，横截面上只有压应力而没有拉应力，这个区域就称为截面核心。

习　　题

7.1　如图所示木制悬臂梁在水平对称平面内受力 $F_1 = 2.1\text{kN}$，竖直对称平面内受力 $F_2 = 1.85\text{kN}$ 的作用，梁的矩形截面尺寸为 $9\text{cm} \times 18\text{cm}$，$E = 10 \times 10^3 \text{MPa}$，试求梁的最大拉压应力数值及其位置。

7.2　如图所示斜梁横截面为正方形，$a = 16\text{cm}$，$F = 7\text{kN}$，作用在梁的纵向对称平面内且为铅垂方向，试求斜梁最大拉压应力的大小及其位置。

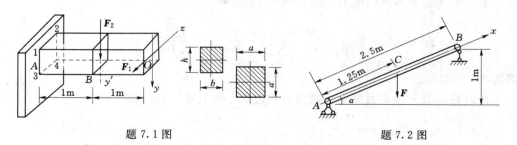

题 7.1 图　　　　　　　　　　　　　　　题 7.2 图

7.3　矩形截面杆受力如图所示，F_1 和 F_2 的作用线均与杆轴线重合，F_3 作用在杆的对称平面内，已知，$F_1=7.5\text{kN}$，$F_2=22\text{kN}$，$F_3=1.9\text{kN}$，$l=3\text{m}$，$b=13\text{cm}$，$h=19\text{cm}$，试求杆件的最大压应力。

7.4　图为起重用悬臂式吊车，梁 AC 由 No.20a 工字钢制成，材料的许用正应力 $[\sigma]=100\text{MPa}$。当吊起重物（包括小车重）$F_Q=29\text{kN}$，并作用于梁的中点 D 时，试校核横梁 AC 的强度。

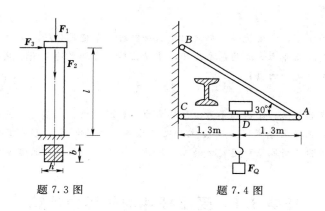

题 7.3 图　　　　　　　　题 7.4 图

7.5　柱截面为正方形，边长为 a，顶端受轴心压力 F 作用，在右侧中部挖一个槽（如图），槽深 $\dfrac{a}{4}$。求开槽前后柱内的最大压应力值。

7.6　砖墙及其基础截面如图所示，设在 1m 长的墙上有偏心力 $F=55\text{kN}$ 的作用，试求截面 1—1 和 2—2 上的应力分布图。

7.7　矩形截面偏心受拉木杆，偏心力 $F=173\text{kN}$，$e=5\text{cm}$，$[\sigma]=10\text{MPa}$，矩形截面宽度 $b=17\text{cm}$，试确定木杆的截面高度 h。

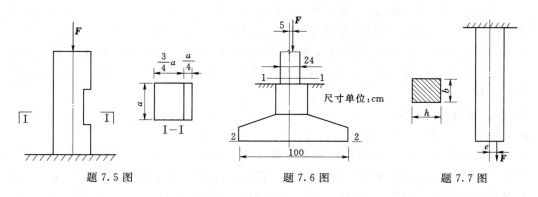

题 7.5 图　　　　　　　题 7.6 图　　　　　　　题 7.7 图

项目8 受压杆件的稳定性

知识目标

通过本项目的学习，学生能够深刻认识受压杆件防止失稳现象的重要性，使学生了解压杆稳定的基本概念及临界力计算的基本原理，掌握临界应力总图的应用，熟练掌握压杆的稳定计算和提高压杆稳定性的措施。

能力目标

了解压杆稳定的概念；掌握临界力、临界应力、长度系数、柔度等概念；掌握压杆临界应力的计算公式；正确区分不同柔度条件下压杆临界应力的计算方法；掌握压杆稳定性计算，了解在实际工程中提高压杆稳定性的工程措施。重点是细长压杆的临界力计算。

任务8.1 受压杆件的临界力计算

8.1.1 学习任务导引

工程中把承受轴向压力的直杆称为压杆，在项目3中讨论压杆时，只是从强度的角度出发，当压杆横截面上的正应力不超过材料的许用应力时，就能保证杆件正常工作，这种观点对于短粗杆来说是正确的。实践表明，对于细长的杆件，在轴向压力的作用下，杆内的应力在远没有达到材料的许用应力时，就可能发生突然弯折而破坏，该现象称为压杆丧失稳定。

例如，一根长300mm的钢锯条，其横截面尺寸为200mm×1mm，材料的许用应力为210MPa，按照压杆的强度条件可得钢锯条能够承受的轴压力为4200N，而实际上在压力尚不到40N时，锯条就发生了明显的弯曲变形，丧失了在直线状态下保持平衡和继续承载的能力。显然这已经不属于强度问题，而是属于本项目将要讨论的稳定性问题。

8.1.2 学习内容

8.1.2.1 受压构件平衡状态的类型

下面以图8.1（a）所示压杆，来说明压杆的稳定性问题。在大小不等的轴向压力 P 的作用下，对直杆施加一微小横向干扰力，使其处于虚线所示的微弯状态，即杆件从直线平衡状态①到微弯状态②，可以观察到压杆在撤掉横向干扰力后所表现出的不同状态。

（1）当 P 小于某一临界值 P_{cr} 时，将横向干扰力撤掉后，压杆从②位置回到①，如图8.1（b）所示。这表明原有的直线平衡状态①是稳定的平衡状态。

（2）当 P 等于某一临界值 P_{cr} 时，将横向干扰力撤掉后，压杆将处于②位置，即

8.1 ⑦

受压杆件
稳定概念

174

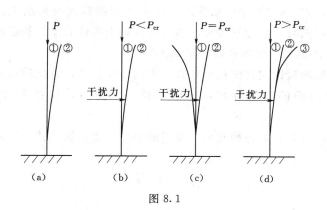

图 8.1

不会恢复到原位置①，也不会增加其弯曲的程度，如图 8.1（c）所示。这表明压杆可以在偏离直线平衡状态位置附近保持微弯状态的平衡，但这种平衡是不稳定的，属于不稳定平衡，它是介于稳定平衡状态和不稳定平衡状态之间的一种临界状态。

（3）当 P 大于某一临界值 P_{cr} 时，将横向干扰力撤掉后，压杆将可能处于②位置，或继续弯曲到状态③直至丧失承载力，如图 8.1（d）所示。这表明原有的直线状态①为不稳定的平衡状态。

上述现象表明，在压力 P 从小到大的变化过程中，压杆从稳定平衡变为不稳定平衡，这种现象称为压杆丧失稳定性或压杆失稳，其中临界状态所对应的轴向压力 P_{cr}，称为临界压力、临界荷载或临界力。

8.1.2.2　临界压力的计算

1. 两端铰支长细压杆的临界压力

由上述可知当轴压力 P 等于临界力 P_{cr} 时，压杆即可处于直线状态的平衡，又可处于微弯状态的平衡。现假设处于微弯临界状态，如图 8.2（a）所示，建立 xoy 坐标系，距原点为 x 的截面处的弯矩为

$$M(x) = P_{cr}y \tag{8.1}$$

式中：y 为 x 截面处的挠度。

压杆的挠度曲线近似微分方程为

$$EIy'' = -M(x) \tag{8.2}$$

将式（8.2）代入式（8.1），可得

$$EIy'' = -P_{cr}y \tag{8.3}$$

这是一个常微分方程，利用数学知识可求得其解，即得临界压力为

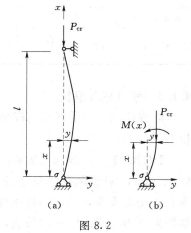

图 8.2

8.2 🎦

两端铰支细长压杆临界荷载的计算公式

$$P_{cr} = \frac{\pi^2 EI}{l^2} \tag{8.4}$$

式（8.4）又称为欧拉临界力公式。

应当注意，杆件两端支承在各方向相同时，杆件的弯曲必然发生在抗弯能力最小

的平面内。所以，式（8.4）中的惯性矩 I 应为压杆横截面的最小惯性矩；对于杆端各方向支承情况不同时，应分别计算，然后取其最小者作为压杆的临界荷载。

2. 其他约束情况下长细压杆的临界压力

以上学习的是两端铰支的细长压杆临界力的计算公式，其他约束情况下的临界力计算公式可参考前面的方法导出，这里不再一一推导，仅把各计算公式列于表8.1 中。

从表8.1 中可以看到，各种支承情况下的临界压力计算公式，可写成统一形式的欧拉公式

$$P_{cr} = \frac{\pi^2 EI}{(\mu l)^2} \tag{8.5}$$

式中：μl 为计算长度或折算长度；μ 为长度系数，它的数值表明杆件两端约束情况对其临界荷载的影响。

8.1 ▷

压杆临界
荷载

表 8.1   各种支承情况下等截面长细压杆的临界压力公式

约束情况	两端铰支	一端固定，一端铰支	两端固定	一端固定，一端自由
杆端支承情况				
长度系数 μ	1.0	0.7	0.5	2.0
临界力 P_{cr}	$P_{cr} = \dfrac{\pi^2 EI}{(1.0l)^2}$	$P_{cr} = \dfrac{\pi^2 EI}{(0.7l)^2}$	$P_{cr} = \dfrac{\pi^2 EI}{(0.5l)^2}$	$P_{cr} = \dfrac{\pi^2 EI}{(2.0l)^2}$

8.1.3 学习任务解析

临界压力 P_{cr} 是判别压杆是否稳定的重要指标，各种支承情况下的临界压力用欧拉公式计算。

【例 8.1】 一根两端固定的矩形截面长细压杆，已知杆长 $l = 2.4\text{m}$，$b = 20\text{mm}$，$h = 45\text{mm}$，材料的弹性模量 $E = 210\text{GPa}$，试计算该压杆的临界力。若作下面修改，临界力变为多少，（1）其他条件不变，截面尺寸改为 $b = 30\text{mm}$，$h = 30\text{mm}$；（2）杆端约束改为一端固定一端铰支，截面尺寸与（1）相同。

解：（1）原来压杆的临界力计算。

由截面尺寸可求得其截面惯性矩为

$$I_x = \frac{20 \times 45^3}{12} = 15.19 \times 10^4 (\text{mm}^4), \quad I_y = \frac{45 \times 20^3}{12} = 3 \times 10^4 (\text{mm}^4)$$

则 $I = I_{min} = I_y$。

从表8.1 可知，两端固定时的长度系数为 0.5，代入式（8.5）得

$$P_{cr} = \frac{\pi^2 EI}{(\mu l)^2} = \frac{\pi^2 \times 210 \times 10^3 \times 3 \times 10^4}{(0.5 \times 2.4 \times 10^3)^2} = 43135.75(\text{N}) \approx 43.14\text{kN}$$

（2）截面改变后压杆的临界力。

截面尺寸 $b = 30\text{mm}$，$h = 30\text{mm}$ 时的惯性矩为

$$I_1 = I_x = I_y = \frac{30 \times 30^3}{12} = 6.75 \times 10^4(\text{mm}^4)$$

代入式（8.5）：

$$P_{cr} = \frac{\pi^2 EI_1}{(\mu l)^2} = \frac{\pi^2 \times 210 \times 10^3 \times 6.75 \times 10^4}{(0.5 \times 2.4 \times 10^3)^2} = 97055.44(\text{N}) \approx 97.06\text{kN}$$

（3）杆端约束改变后压杆的临界力。

杆端约束为一端固定一端铰支的长度系数为 0.7，代入式（8.5）得：

$$P_{cr} = \frac{\pi^2 EI_1}{(\mu l)^2} = \frac{\pi^2 \times 210 \times 10^3 \times 6.75 \times 10^4}{(0.7 \times 2.4 \times 10^3)^2} = 49518.08(\text{N}) \approx 49.52\text{kN}$$

任务 8.2　压杆的临界应力计算

8.2.1　学习任务导引

在压杆稳定计算时，通常还需要知道临界应力；将临界荷载 P_{cr} 除以压杆的横截面积 A，即可求得压杆的临界应力，用 σ_{cr} 表示。

8.2

压杆稳定计算

8.2.2　学习内容

8.2.2.1　临界应力欧拉公式

1. 临界应力

当压杆在临界力 P_{cr} 作用下处于直线状态的平衡时，此时横截面上的应力称为临界应力，用 σ_{cr} 表示，即

$$\sigma_{cr} = \frac{P_{cr}}{A} \tag{8.6}$$

将式（8.5）代入式（8.6）并化简得

$$\sigma_{cr} = \frac{\pi^2 EI}{(\mu l)^2 A} \tag{8.7}$$

令 $i = \sqrt{\dfrac{I}{A}}$，i 称为截面的惯性半径。于是式（8.7）可以改写为

$$\sigma_{cr} = \frac{\pi^2 E}{\left(\dfrac{\mu l}{i}\right)^2} \tag{8.8}$$

令 $\lambda = \dfrac{\mu l}{i}$，则式（8.8）可写为

$$\sigma_{cr} = \frac{\pi^2 E}{\lambda^2} \tag{8.9}$$

式中：λ 称为柔度或长细比，它是一个无量纲量。柔度综合考虑了压杆的杆端约束、

横截面几何性质以及杆长对其临界应力的影响。

式（8.9）又称为欧拉临界应力公式。式（8.9）表明，λ 值越大，压杆越容易失稳，反之，压杆的稳定性越好。

2. 欧拉公式的适用范围

上述的学习内容在推导欧拉公式的过程中，应用了挠曲线近似微分方程，此方程只在杆件发生微小的弹性变形条件下才成立。因此欧拉公式的适用范围应是临界力不超过材料的比例极，即 $\sigma_{cr} \leqslant \sigma_p$，$\sigma_{cr} = \dfrac{\pi^2 E}{\lambda^2} \leqslant \sigma_p$ 或 $\lambda \geqslant \pi\sqrt{\dfrac{E}{\sigma_p}}$，令 $\lambda_p = \pi\sqrt{\dfrac{E}{\sigma_p}}$，则欧拉公式的适用范围用柔度表示为

$$\lambda \geqslant \lambda_p \tag{8.10}$$

式（8.10）表明，只有当压杆的柔度 $\lambda \geqslant \lambda_p$ 时，才能运用式（8.5）和式（8.9）来求解压杆的临界压力和临界应力。满足 $\lambda \geqslant \lambda_p$ 条件的压杆称为大柔度杆或长细杆。λ_p 的值仅与压杆的材料性质有关，不同材料的 λ_p 值不同，例如 Q235 钢的 $\lambda_p = 100$。

8.2.2.2　临界应力总图

根据上述的讨论可知，压杆的临界应力 σ_{cr} 的计算与压杆的柔度 λ 有关。对 $\lambda \geqslant \lambda_p$ 的大柔度压杆，欧拉公式（8.9）才适用。而对于 $\lambda < \lambda_p$ 的中小柔度压杆，欧拉公式将不能适用，此类压杆临界应力的计算一般采用经验公式计算。计算的观点有很多，常用的有直线公式和抛物线公式，这里主要介绍直线型公式。

直线型临界应力的表达式为

$$\sigma_{cr} = a - b\lambda \tag{8.11}$$

式中：a、b 为与材料性质有关的常数。常见材料的 a、b、λ_s、λ_p 见表 8.2。

表 8.2　几种常见材料的 a、b、λ_s、λ_p 值

材　料	a	b	λ_s	λ_p
Q235 钢（$\sigma_s = 235$MPa）	304	1.12	62	100
优质碳钢（$\sigma_s = 306$MPa）	461	2.586	60	95
硅钢（$\sigma_s = 353$MPa）	577	3.74	60	100
铬钼钢	980	5.29	0	55
硬铝	372	2.14	0	50
铸铁	331.9	1.453	—	70
松木	39.2	0.199	0	59

直线经验公式（8.11）也有它的使用范围，要求临界应力不超过材料的受压极限应力 σ_s，并要超过材料的比例极限应力 σ_p，即

$$\sigma_p \leqslant \sigma \leqslant \sigma_s \tag{8.12}$$

令 $\sigma_{cr} = a - b\lambda \leqslant \sigma_s$，可解得：$\lambda \geqslant \dfrac{a - \sigma_s}{b} = \lambda_s$

式中：λ_s 为临界应力等于材料的屈服强度应力时压杆的柔度值，它也是只与材料有关的常数。

经验公式的适用条件为

$$\lambda_{s} \leqslant \lambda \leqslant \lambda_{p} \qquad (8.13)$$

工程计算上，一般把柔度介于 λ_s 和 λ_p 之间的这一类杆件称为中柔度压杆，而把柔度小于 λ_s 的压杆称为小柔度压杆或短粗杆。小柔度压杆的破坏是压缩引起的屈服或断裂破坏，属于强度问题，不属于失稳破坏。如果将这类问题也按照压杆稳定来处理，可取临界应力 $\sigma_{cr} = \sigma_s$。

总结以上的分析，当 $\lambda < \lambda_s$ 时，即为小柔度压杆，应按照强度问题来计算，如图 8.3 所示的 AB 段；当 $\lambda_s \leqslant \lambda < \lambda_p$ 时，即为中柔度压杆，按照经验公式来计算，如图 8.3 所示的 BC 段；当 $\lambda \geqslant \lambda_p$ 时，即为大柔度压杆，按照欧拉公式来计算，如图 8.3 所示的 CD 段。

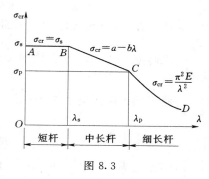

将临界应力与柔度之间的函数关系绘在 $\sigma\text{-}\lambda$ 直角坐标系内，将得到临界应力随柔度变化的曲线图形，称为临界应力总图。

图 8.3

8.2.3　学习任务解析

压杆的临界应力 $\sigma_{cr} = \dfrac{P_{cr}}{A}$，其中 σ_{cr} 的计算公式与压杆的柔度 $\lambda = \dfrac{\mu l}{i}$ 有关。

当 $\lambda < \lambda_s$ 时，称为小柔度杆，$\sigma = \sigma_s$；当 $\lambda_s \leqslant \lambda < \lambda_p$ 时，称为中柔度杆，$\sigma_{cr} = a - b\lambda$；当 $\lambda_p \leqslant \lambda$ 时，称为大柔度杆，$\sigma_{cr} = \dfrac{\pi^2 E}{\lambda^2}$。

【例 8.2】　松木制成的受压柱，矩形横截面为 $b \times h = 100\text{mm} \times 180\text{mm}$，弹性模量 $E = 10\text{GPa}$，$\lambda_p = 110$，杆长 $l = 7\text{m}$。在 xz 平面内失稳时（绕 y 轴转动），杆端约束为两端固定，如图 8.4（a）所示，在 xy 平面内失稳时（绕 z 轴转动），杆端约束为两端铰支，如图 8.4（b）所示。求木柱的临界应力和临界力。

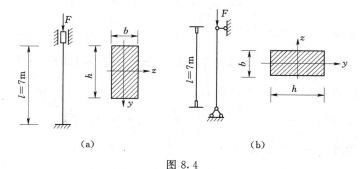

（a）　　　　　　　　　　　　（b）

图 8.4

解：（1）在 xz（最小刚度）平面内的临界应力和临界力计算

此时 $\mu_y = 0.5$，横截面对 y 轴的惯性半径 $i_y = \sqrt{\dfrac{I_y}{A}} = \dfrac{b}{\sqrt{12}} = 28.87\text{(mm)}$

在此平面内 $\lambda_y = \dfrac{\mu_y l}{i_y} = \dfrac{0.5 \times 7 \times 10^3}{28.87} = 121.2 > \lambda_p = 110$

符合欧拉公式的适用条件。

则临界应力为

$$\sigma_{cr} = \frac{\pi^2 E}{\lambda_y^2} = \frac{\pi^2 \times 10 \times 10^3}{121.2^2} = 6.72(MPa)$$

临界力为

$$F_{cr} = \sigma_{cr} A = 6.72 \times 100 \times 180 \times 10^{-3} = 121(kN)$$

（2）在 xy（最大刚度）平面内的临界应力和临界力

此时 $\mu_z = 1.0$，横截面对 z 轴的惯性半径 $i_z = \sqrt{\dfrac{I_z}{A}} = \dfrac{h}{\sqrt{12}} = 51.96(mm)$

此平面内的柔度　$\lambda_z = \dfrac{\mu_z l}{i_z} = \dfrac{1.0 \times 7 \times 10^3}{51.96} = 134.7 > \lambda_p = 110$

临界应力为　　　$\sigma_{cr} = \dfrac{\pi^2 E}{\lambda_z^2} = \dfrac{\pi^2 \times 10 \times 10^3}{134.7^2} = 5.44(MPa)$

临界力为　　　　$F_{cr} = \sigma_{cr} A = 5.44 \times 100 \times 180 \times 10^{-3} = 97.9(kN)$

计算结果表明，木柱在最大刚度（xy）平面内支承条件较弱，柔度 λ_z 较大，使其临界力较小而先失稳。本例说明，在不同平面内，当杆端支承条件不同时，应分别计算 λ，并取较大者计算临界应力（或临界力），因为压杆总是在 λ 较大的平面内先失稳。

【例 8.3】　两端铰支的圆形截面受压杆，选用 Q235 钢制成，直径 $d = 40mm$，试分别计算下面三种杆长情况时压杆的临界力：（1）$l = 0.5m$；（2）$l = 0.8m$；（3）$l = 1.2m$。

解：　压杆选用 Q235 钢，可以查表 8.2 得：$E = 200GPa$，$\sigma_s = 235MPa$，$\lambda_s = 62$，$\lambda_p = 100$，$a = 304$，$b = 1.12$。

压杆两端铰支约束的长度系数 $\mu = 1.0$；圆杆的惯性半径 $i = d/4 = 10mm$。

（1）计算杆长 $l = 0.5m$ 时的临界力：

$$\lambda = \frac{\mu l}{i} = \frac{1.0 \times 0.5 \times 10^3}{10} = 50 < \lambda_s = 62$$

压杆为小柔度压杆，其临界力为

$$P_{cr} = \sigma_{cr} A = \sigma_s A = 235 \times \frac{\pi \times 40^2}{4} = 295.3(kN)$$

（2）计算杆长 $l = 0.8m$ 时的临界力：

$$\lambda = \frac{\mu l}{i} = \frac{1.0 \times 0.8 \times 10^3}{10} = 80 > \lambda_s = 62 \text{ 且} < \lambda_p = 100$$

压杆为中柔度压杆，其临界力为

$$P_{cr} = (a - b\lambda)A = (304 - 1.12 \times 80) \times \frac{\pi \times 40^2}{4} = 269.4(kN)$$

（3）计算杆长 $l = 1.2m$ 时的临界力：

$$\lambda = \frac{\mu l}{i} = \frac{1.0 \times 1.2 \times 10^3}{10} = 120 > \lambda_p = 100$$

压杆为大柔度压杆,其临界力为

$$P_{cr} = \sigma_{cr}A = \frac{\pi^2 E}{\lambda^2}A = \frac{\pi^2 \times 200 \times 10^3}{120^2} \times \frac{\pi \times 40^2}{4} = 172 (kN)$$

任务8.3 压杆的稳定性计算

8.3.1 学习任务导引

工程结构中受压杆件的破坏,多数是由于失稳而引起的,所以为确保压杆的正常工作,并具有足够的稳定性,就要求其横截面上的应力不能超过压杆的临界应力的容许值。

稳定性问题在实际工程中经常可见,现代工程史上不乏因失稳而造成的事故。1907年8月9日,在加拿大离魁北克城14.4km横跨圣劳伦斯河的大铁桥在施工中倒塌(图8.5)。事故发生在当日收工前15min,桥上74人坠河遇难。原因是在施工中悬臂桁架西侧的下弦杆有二节失稳所致。美国哈特福特城的体育馆网架结构,平面尺寸为92m×110m,突然于1978年破坏而落地,破坏起因可能是压杆屈曲。1988年加拿大一停车场的屋盖结构塌落,1985年土耳其某体育场看台屋盖塌落,这两次事故都和没有设置适当的支撑有关。杭州某研发生产中心的厂房屋顶为圆弧形大面积结构,屋面采用预应力密肋网架结构,密肋大梁横截面(600mm×1400mm),屋面采用现浇板,板厚120mm。2003年2月18日19时,当施工到26~28轴时,支模架失稳坍塌,造成重大伤亡事故。构件失去稳定性产生的破坏常常是突然发生的。因此,对于这类受压杆件,除考虑强度问题外,还必须考虑稳定性问题。

图8.5

8.3.2 学习内容

8.3.2.1 压杆的稳定性计算

1. 压杆的稳定条件

当压杆的工作应力达到或超过其临界应力时,即 $\sigma \geqslant \sigma_{cr}$,压杆将会丧失稳定。所以正常工作的压杆,其横截面上的应力须小于临界应力。在工程中,为了保证压杆

具有足够的稳定性，还须考虑一定安全储备，故压杆的稳定条件为

$$\sigma \leqslant [\sigma_{cr}] \tag{8.14}$$

式中：$[\sigma_{cr}]$ 为稳定许用应力，其值为 $\dfrac{\sigma_{cr}}{n_{st}}$；$n_{st}$ 为稳定安全系数。

稳定安全系数一般比强度安全系数要大些，具体取值可从有关设计手册中查到。

在工程中，为了计算的方便，将稳定许用应力写成如下形式：

$$[\sigma_{cr}] = \frac{\sigma_{cr}}{n_{st}} = \varphi[\sigma]$$

从上式可解出 φ 为

$$\varphi = \frac{\sigma_{cr}}{n_{st}[\sigma]}$$

式中：$[\sigma]$ 为强度计算时的许用应力；φ 为折减系数或稳定系数，其值小于1。

当材料一定时，φ 值取决于长细比 λ 值，表8.3列出了Q235钢、16锰钢和木材的折减系数 φ，其他的可从相关书籍查得，或参考有关经验公式计算。

为了保证压杆有足够的稳定性，要求压杆的工作应力 σ 应该小于或等于稳定许用应力 $[\sigma_{cr}]$，即

$$\sigma = \frac{N}{A} \leqslant \varphi[\sigma] \tag{8.15}$$

式（8.15）称为压杆的稳定条件。

表 8.3   **Q235钢、16锰钢和木材的折减系数**

λ	φ					λ	φ				
	Q235钢		16锰钢		木材		Q235钢		16锰钢		木材
	a类	b类	a类	b类			a类	b类	a类	b类	
0	1.00	1.00	1.00	1.00	1.00	110	0.536	0.493	0.386	0.373	0.248
10	0.995	0.992	0.993	0.989	0.971	120	0.466	0.437	0.325	0.324	0.208
20	0.981	0.970	0.973	0.956	0.932	130	0.401	0.387	0.279	0.283	0.178
30	0.958	0.936	0.940	0.913	0.883	140	0.349	0.345	0.242	0.249	0.153
40	0.927	0.899	0.895	0.863	0.822	150	0.306	0.303	0.213	0.221	0.133
50	0.888	0.856	0.840	0.804	0.751	160	0.272	0.276	0.188	0.197	0.117
60	0.842	0.807	0.776	0.734	0.668	170	0.243	0.249	0.168	0.176	0.104
70	0.789	0.751	0.705	0.656	0.575	180	0.218	0.225	0.151	0.159	0.093
80	0.731	0.688	0.627	0.575	0.470	190	0.197	0.204	0.136	0.144	0.083
90	0.669	0.621	0.546	0.499	0.370	200	0.180	0.186	0.124	0.131	0.075
100	0.604	0.555	0.462	0.431	0.300						

2. 压杆的稳定计算

与强度计算类似，可以用稳定条件式（8.15）对压杆进行三类稳定问题计算。

（1）稳定性校核。

若已知压杆的长度、支承情况、材料截面及荷载，则可校核压杆的稳定性。即

$$\sigma = \frac{N}{A} \leqslant \varphi[\sigma]$$

（2）截面设计。

将稳定条件式（8.15）改写为

$$A \geqslant \frac{N}{\varphi[\sigma]}$$

在设计截面时，由于 φ 和 A 都是未知量，并且它们又是两个相依的未知量，所以常采用试算法进行计算。步骤如下：

1）假设一个 φ_1 值（一般取 $\varphi_1 = 0.5 \sim 0.6$），由此可初步定出截面尺寸 A_1。

2）按所选的截面 A_1，计算柔度 λ_1，查出相应的 φ_1'，比较 φ_1 与 φ_1'，若两者接近，可对所选截面进行稳定校核。

3）若 φ_1 与 φ_1' 相差较大，可再设 $\varphi_2 = \dfrac{\varphi_1 + \varphi_1'}{2}$，重复（1）、（2）步骤试算，直至求得 φ_1 与所设的 φ 接近为止。

（3）许可荷载确定。

若已知压杆的长度、支承情况、材料及截面，则可按稳定条件来确定压杆能承受的最大荷载值，即

$$[N] \leqslant A\varphi[\sigma]$$

8.3.2.2 提高压杆稳定性的措施

提高压杆稳定性的关键在于提高压杆的临界应力（或临界力）。从欧拉临界应力公式 $\sigma_{cr} = \dfrac{\pi^2 E}{\lambda^2}$ 和经验公式 $\sigma_{cr} = a - b\lambda$ 可以看出，对于理想压杆，影响其稳定的因素有压杆的柔度 λ，材料的弹性模量 E 和常数 a、b。柔度是其主要因素，降低柔度是主要措施。而柔度 $\lambda = \dfrac{\mu l}{i}$，与压杆的杆长、截面形状、杆端支承条件等因素有关。因此，提高压杆稳定性有以下几方面措施。

1. **选择合理截面形状**

所谓合理的截面形状是在横截面面积相同的条件下，使其获得尽可能大的惯性矩，这样可以增大截面的惯性半径，降低压杆的柔度，从而可以达到提高压杆的稳定性。所以应尽可能使材料远离截面形心轴，以取得较大的惯性矩。按照此要求，空心的截面比实心的截面合理，如图 8.6 （a）、（b）所示；组合截面应使型钢截面远离截面形心布置较合理，如图 8.6 （c）、（d）所示。

2. **增加或加强杆端约束、减小压杆长度**

从柔度 $\lambda = \dfrac{\mu l}{i}$ 公式可见，减小压杆的柔度可以减小压杆的长度 l 和长度系数 μ。

长度系数 μ 与压杆的杆端约束有关，因此，在条件允许的情况下加强杆端的约束。从表 8.1 可以看出，固定支座约束最强，铰支座次之，自由端最不利。如果将一端固定一端自由改成两端固定，长度系数减小 4 倍，对于细长杆稳定性提高 16 倍。

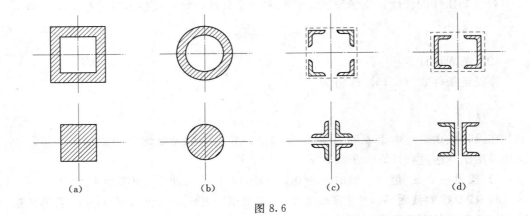

图 8.6

减小压杆的长度就是减小压杆的柔度，因此应尽可能使压杆的长度减小。例如在条件允许的情况下，可以在压杆中间增加支承，既减小压杆的长度又减小长度系数，大大提高了压杆的稳定性。

在运用欧拉公式计算压杆临界应力时，所选择的是沿截面惯性矩较小的方向来确定其临界应力的，即压杆总是在柔度大的纵向平面内先失稳，所以要使压杆在两个相互垂直的平面内具有相同的稳定性，采取的措施是：①在两个不同方向支承相同时，选用关于形心轴惯性矩相等（$I_z = I_y$）的截面；②在两个不同方向支承不同时，选用关于形心轴柔度相等（$\lambda_z = \lambda_y$）截面，这样可以保证压杆在两个方向上具有相同的稳定性。

3. 合理选择材料

提高压杆稳定性除了采取以上措施外，还要考虑压杆的类型。对于大柔度压杆，临界应力 $\sigma_{cr} = \pi^2 E / \lambda^2$，与材料的弹性模量 E 成正比。所以选择弹性模量较高的材料，就可以提高其临界应力，也就是提高其稳定性。相比于铜、铸铁或铝制压杆，应优选钢制压杆，因其弹性模量大。但是，对于各规格钢材而言，它们的弹性模量大致相同，所以，选用高强度钢并不能明显提高大柔度压杆的稳定性。对于中柔度压杆，临界应力公式为 $\sigma_{cr} = a - b\lambda$，与材料的强度有关，采用高强度钢材，可以提高其稳定承载能力。

8.3.3 学习任务解析

压杆的稳定条件为

$$\sigma = \frac{N}{A} \leqslant \varphi[\sigma]$$

根据压杆稳定条件可以解决三类稳定计算问题：

（1）压杆稳定性校核。

（2）压杆截面设计。

（3）确定压杆许可荷载。

【例 8.4】 某一木柱高为 6m，截面为圆形，直径 $d = 20cm$，两端铰接。承受轴向压力 $F = 50kN$。试校核此木柱的稳定性。木材的许用应力 $[\sigma] = 10MPa$。

解：截面的惯性半径 $i = \dfrac{d}{4} = \dfrac{20}{4} = 5(\text{cm})$

两端铰接时的长度系数 $\mu = 1$，所以 $\lambda = \dfrac{\mu l}{i} = \dfrac{1 \times 600}{5} = 120$

由表 8.3 查得 $\varphi = 0.208$

$$\sigma = \frac{F}{A} = \frac{50 \times 10^3}{\dfrac{\pi (20 \times 10^{-2})^2}{4}} = 1.59 \times 10^6 (\text{kN/m}^2) = 1.59 \text{MPa}$$

$$\varphi[\sigma] = 0.208 \times 10 = 2.08(\text{MPa})$$

由于 $\sigma < \varphi[\sigma]$，所以木柱的稳定性满足要求。

【例 8.5】　如图 8.7（a）所示支架，已知杆件 AB 的长度为 $l = 2.4\text{m}$，截面为边长 $a = 0.1\text{m}$ 的正方形，木材的许用应力 $[\sigma] = 10\text{MPa}$，试从满足 BC 杆的稳定条件考虑，计算支架能承受的最大荷载 $P_{\max}$。

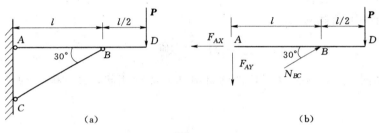

图 8.7

解：（1）计算支架 BC 杆的内力。

取 AD 杆为研究对象，受力如图 8.7（b）所示。

$$\sum M_A = 0, \quad N_{BC} \sin 30° \cdot l - P \times \frac{3l}{2} = 0, \quad P = \frac{N_{BC}}{3}$$

（2）计算 BC 杆允许承受的轴力。

$$i = a / \sqrt{12} = 0.289a = 0.289 \times 100 = 28.9(\text{mm}), \quad \mu = 1.0$$

$$\lambda = \frac{\mu l_{BC}}{i} = \frac{1.0 \times 2400}{28.9 \cos 30°} = 95.9$$

查表 8.3，并利用线性插值可求得 $\varphi = 0.3287$，则

$$[N_{BC}] = \varphi[\sigma]A = 0.3287 \times 10 \times 100^2 = 32.87(\text{kN})$$

（3）计算支架能承受的最大荷载 $P_{\max}$。

根据 $N_{BC} = [N_{BC}]$ 可得

$$P_{\max} = \frac{N_{BC}}{3} = \frac{32.87}{3} = 10.96(\text{kN})$$

小　结

（1）各种支承情况下临界力的欧拉统一公式：

$$P_{cr} = \frac{\pi^2 EI}{(\mu l)^2}$$

（2）压杆的临界应力 $\sigma_{cr} = \dfrac{P_{cr}}{A}$，其中 σ_{cr} 的计算公式与压杆的柔度 $\lambda = \dfrac{\mu l}{i}$ 有关。

当 $\lambda < \lambda_s$，称为小柔度杆，$\sigma = \sigma_s$；

当 $\lambda_s \leqslant \lambda < \lambda_p$，称为中柔度杆，$\sigma_{cr} = a - b\lambda$；

当 $\lambda_p \leqslant \lambda$，称为大柔度杆，$\sigma_{cr} = \dfrac{\pi^2 E}{\lambda^2}$。

（3）压杆的稳定条件为：

$$\sigma = \frac{N}{A} \leqslant \varphi[\sigma]$$

（4）根据压杆稳定条件可以解决三类稳定计算问题：

1）压杆稳定的校核。

2）压杆的截面设计。

3）压杆许可荷载的确定。

习   题

8.1　如图所示，轴向受压杆件的材料和截面均相同，试问哪一种最稳定？哪一种容易失稳？

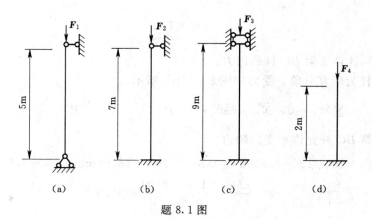

题 8.1 图

8.2　如图所示材料相同，直径相等的 3 根细长压杆，试判断哪根杆件的临界力最大？哪根杆件的临界力最小？若 $E = 200\text{GPa}$，$d = 150\text{mm}$，试求各杆的临界力。

8.3　试求如图所示压杆的临界力。已知弹性模量 $E = 200\text{GPa}$。（1）圆形截面，直径 $d = 35\text{mm}$，$l = 1\text{m}$。（2）矩形截面，$h = 2b = 48\text{mm}$，$l = 1\text{m}$。（3）20a 号工字钢，$l = 3\text{m}$。

8.4　如图所示压杆，材料为 Q235 钢，横截面有四种形式，其面积均为 $3.2 \times 10^3 \text{mm}^2$，试计算它们的临界力，并进行比较。已知弹性模量 $E = 200\text{GPa}$，$a = 240\text{MPa}$，$b = 0.00682\text{MPa}$，$\lambda_p = 100$。

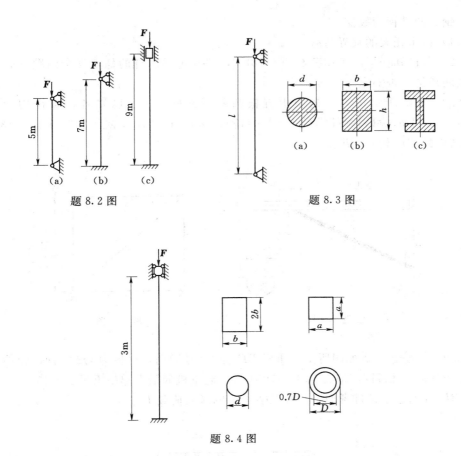

题 8.2 图　　　　　　　　　　题 8.3 图

题 8.4 图

8.5　如图所示，压杆的截面为矩形，$h=60\text{mm}$，$b=40\text{mm}$，杆长 $l=2.0\text{m}$，材料为 Q235 钢，$E=2.1\times10^5\text{MPa}$。杆端约束示意图：在正视图（a）的平面内相当于两端铰支，在俯视图（b）的平面内相当于两端固定。试求此杆的临界力 P_{cr}。

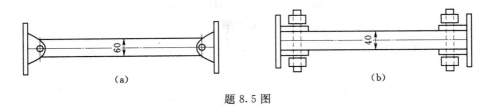

题 8.5 图

8.6　某一两端铰支的矩形截面木杆，杆端作用轴向压力 P。已知 $P=38\text{kN}$，$l=4.2\text{m}$，木材的强度等级为 TC13，截面尺寸为 $120\text{mm}\times180\text{mm}$，许用应力 $[\sigma]=10\text{MPa}$。试校核压杆的稳定性 [提示：木材强度等级为 TC13 时，当 $\lambda\leqslant91$ 时，稳定系数计算公式，$\varphi=\dfrac{1}{1+(\lambda/65)^2}$；当 $\lambda>91$ 时，稳定系数计算公式，$\varphi=\dfrac{2800}{\lambda^2}$]。

8.7　如图所示托架中的 AB 杆，其长度 $l=800\text{mm}$，直径 $d=40\text{mm}$，材料为

Q235 钢，两端视为铰支。

（1）试求托架的临界荷载 F_{cr}。

（2）若已知托架的工作荷载 $F=70kN$，并规定 AB 杆的稳定安全因数（n_{st}）＝2，试问托架是否安全？

8.8　如图所示正方形桁架由五根圆截面钢杆组成。已知各杆直径均为 $d=30mm$，$a=1m$，材料弹性模量 $E=200GPa$，$[\sigma]=160MPa$，$\lambda_p=100$，$[n_{st}]=3$，试求此结构的许可载荷 $[F]$。

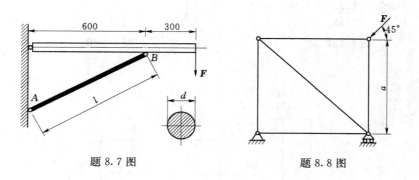

题 8.7 图　　　　　　　　　　题 8.8 图

8.9　简易起重机如图所示，压杆 BD 为 20 号槽钢，材料为 Q235 钢，弹性模量 $E=200GPa$，材料许用应力 $[\sigma]=170MPa$。起重机的最大起吊重量 $P=45kN$。试从满足 BD 杆的稳定条件考虑，计算其能承受的最大荷载 P_{max}。

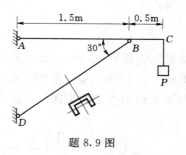

题 8.9 图

参 考 文 献

[1] 龙驭球，包世华. 结构力学 [M]. 北京：高等教育出版社，1979.
[2] 沈伦序. 建筑力学 [M]. 北京：高等教育出版社，1985.
[3] 李廉锟. 结构力学 [M]. 3版. 北京：高等教育出版社，1997.
[4] 范钦珊. 工程力学教程 [M]. 北京：高等教育出版社，1998.
[5] 李前程，安学敏. 建筑力学 [M]. 北京：中国建筑工业出版社，1998.
[6] 周国瑾，施美丽，张景良. 建筑力学 [M]. 上海：同济大学出版社，1999.
[7] 干光瑜，秦惠民. 建筑力学 [M]. 北京：高等教育出版社，1999.
[8] 张流芳. 材料力学 [M]. 武汉：武汉工业大学出版社，1999.
[9] 王焕定，等. 结构力学 [M]. 北京：高等教育出版社，2000.
[10] 薛明德. 力学与工程技术的进步 [M]. 北京：高等教育出版社，2001.
[11] 孙训方. 材料力学 [M]. 北京：高等教育出版社，2001.
[12] 张曦. 建筑力学 [M]. 北京：中国建筑工业出版社，2002.
[13] 白象忠. 材料力学 [M]. 北京：科学出版社，2007.
[14] 武建华. 材料力学 [M]. 重庆：重庆大学出版社，2002.
[15] 卢光斌. 土木工程力学 [M]. 北京：机械工业出版社，2003.
[16] 李江平. 浅谈桥梁工程中的力学问题 [J]. 市政与路桥，2009（3）：167.
[17] 戴葆青，张东焕，等. 工程力学 [M]. 北京：北京航空航天大学出版社，2011.

附 录 型 钢 规 格 表

等 边 角 钢

附表1

角钢型号	圆角 R/mm	重心距 z₀/mm	截面面积 cm²	质量/(kg/m)	惯性矩 I_x/cm⁴	截面模量/cm³ W_x^{max}	截面模量/cm³ W_x^{min}	回转半径/cm i_x	回转半径/cm i_{x0}	回转半径/cm i_{y0}	双角钢 i_y，当 a 为下列数值/cm 6mm	8mm	10mm	12mm	14mm	16mm	18mm	20mm
20×3	3.5	6.0	1.13	0.89	0.4	0.67	0.29	0.59	0.75	0.39	1.08	1.16	1.25	1.34	1.43	1.52	1.62	1.71
20×4		6.4	1.46	1.14	0.5	0.78	0.36	0.58	0.73	0.38	1.11	1.19	1.28	1.37	1.46	1.55	1.65	1.74
25×3	3.5	7.3	1.43	1.12	0.81	1.12	0.46	0.76	0.95	0.49	1.28	1.36	1.44	1.53	1.61	1.70	1.79	1.88
25×4		7.6	1.86	1.46	1.03	1.36	0.59	0.74	0.93	0.48	1.30	1.38	1.46	1.55	1.64	1.73	1.82	1.91
30×3		8.5	1.75	1.37	1.46	1.72	0.68	0.91	1.15	0.59	1.47	1.55	1.63	1.71	1.80	1.88	1.97	2.06
30×4		8.9	2.28	1.79	1.84	2.06	0.87	0.90	1.13	0.58	1.49	1.57	1.66	1.74	1.82	1.91	2.00	2.09
36×3	4.5	10.0	2.11	1.65	2.59	2.58	0.99	1.11	1.39	0.71	1.71	1.75	1.86	1.95	2.03	2.11	2.20	2.28
36×4		10.4	2.76	2.16	3.29	3.16	1.28	1.09	1.38	0.70	1.73	1.81	1.89	1.97	2.05	2.14	2.22	2.31
36×5		10.7	3.38	2.65	3.95	3.70	1.56	1.08	1.36	0.70	1.74	1.82	1.91	1.99	2.08	2.16	2.25	2.34
40×3		10.9	2.36	1.85	3.58	3.30	1.23	1.23	1.55	0.79	1.85	1.93	2.01	2.09	2.18	2.26	2.34	2.43
40×4		11.3	3.09	2.42	4.60	4.07	1.60	1.22	1.54	0.79	1.88	1.96	2.04	2.12	2.20	2.29	2.37	2.46
40×5		11.7	3.79	2.98	5.53	4.73	1.96	1.21	1.52	0.78	1.90	1.98	2.06	2.14	2.23	2.31	2.40	2.49
45×3	5	12.2	2.66	2.09	5.17	4.24	1.58	1.40	1.76	0.90	2.06	2.14	2.21	2.29	2.37	2.45	2.54	2.62
45×4		12.6	3.49	2.74	6.65	5.28	2.05	1.38	1.74	0.89	2.08	2.16	2.24	2.32	2.40	2.48	2.56	2.65
45×5		13.0	4.29	3.37	8.04	6.19	2.51	1.37	1.72	0.88	2.11	2.18	2.26	2.34	2.42	2.50	2.59	2.67
45×6		13.3	5.08	3.98	9.33	7.0	2.95	1.36	1.70	0.88	2.12	2.20	2.28	2.36	2.44	2.53	2.61	2.70

单 角 钢

双 角 钢

单角钢 / 双角钢 i_y，当 a 为下列数值/cm

角钢型号	圆角 R/mm	重心距 z_0/mm	截面面积/cm²	质量/(kg/m)	惯性矩 I_x/cm⁴	截面模量 W_x^{max}/cm³	W_x^{min}/cm³	i_x/cm	i_{x0}/cm	i_{y0}/cm	6mm	8mm	10mm	12mm	14mm	16mm	18mm	20mm
3		13.4	2.97	2.33	7.18	5.36	1.96	1.55	1.96	1.00	2.26	2.33	2.41	2.49	2.56	2.64	2.73	2.81
4	5.5	13.8	3.90	3.06	9.26	6.71	2.56	1.54	1.94	0.99	2.28	2.35	2.43	2.51	2.59	2.67	2.75	2.84
50×5		14.2	4.80	3.77	11.21	7.89	3.13	1.53	1.92	0.98	2.30	2.38	2.45	2.53	2.61	2.70	2.78	2.86
6		14.6	5.69	4.46	13.05	8.94	3.68	1.52	1.91	0.98	2.32	2.40	2.48	2.56	2.64	2.72	2.80	2.89
3		14.8	3.34	2.62	10.2	6.89	2.48	1.75	2.20	1.13	2.49	2.57	2.64	2.71	2.80	2.88	2.96	3.04
56×4	6	15.3	4.39	3.45	13.2	8.63	3.24	1.73	2.18	1.11	2.52	2.59	2.67	2.75	2.82	2.90	2.98	3.06
5		15.7	5.41	4.25	16.0	10.2	3.97	1.72	2.17	1.10	2.54	2.62	2.69	2.77	2.85	2.93	3.01	3.09
8		16.8	8.37	6.57	23.6	14.0	6.03	1.68	2.11	1.09	2.60	2.67	3.75	2.83	2.96	3.00	3.08	3.16
4		17.0	4.98	3.91	19.0	11.2	4.13	1.96	2.46	1.26	2.80	2.87	2.94	3.02	3.09	3.17	3.25	3.33
5		17.4	6.14	4.82	23.2	13.3	5.08	1.94	2.45	1.25	2.82	2.89	2.97	3.04	3.12	3.20	3.28	3.36
63×6	7	17.8	7.29	5.72	27.1	15.2	6.0	1.93	2.43	1.24	2.84	2.91	2.99	3.06	3.14	3.22	3.30	3.38
8		18.5	9.51	7.47	34.5	18.6	7.75	1.90	2.40	1.23	2.87	2.95	3.02	3.10	3.18	3.26	3.35	3.43
10		19.3	11.66	9.15	41.1	21.3	9.39	1.88	2.36	1.22	2.91	2.99	3.07	3.15	3.23	3.31	3.39	3.48
4		18.6	5.57	4.37	26.4	14.2	5.14	2.18	2.74	1.40	3.07	3.14	3.21	3.28	3.36	3.44	3.52	3.60
5		19.1	6.87	5.40	32.2	16.8	6.32	2.16	2.73	1.39	3.09	3.17	3.24	3.31	3.39	3.47	3.54	3.62
70×6	8	19.5	8.16	6.41	37.8	19.4	7.48	2.15	2.71	1.38	3.11	3.19	3.26	3.34	3.41	3.49	3.57	3.65
7		19.9	9.42	7.40	43.1	21.6	8.59	2.14	2.69	1.38	3.13	3.21	3.28	3.36	3.43	3.51	3.59	3.67
8		20.3	10.7	8.37	48.2	23.8	9.68	2.12	2.68	1.37	3.15	3.23	3.30	3.38	3.46	3.54	3.62	3.70

续表

角钢型号	圆角 R /mm	重心距 z_0 /mm	截面面积 cm²	质量 /(kg/m)	惯性矩 I_x /cm⁴	截面模量 /cm³ W_x^{max}	W_x^{min}	回转半径 /cm i_x	i_{x0}	i_{y0}	双角钢 i_y，当 a 为下列数值/cm 6mm	8mm	10mm	12mm	14mm	16mm	18mm	20mm
5		20.4	7.37	5.82	40.0	19.6	7.32	2.33	2.92	1.50	3.30	3.37	3.45	3.52	3.58	3.66	3.73	3.81
6		20.7	8.80	6.90	47.0	22.7	8.64	2.31	2.90	1.49	3.31	3.38	3.46	3.53	3.60	3.68	3.76	3.84
75×7	9	21.1	10.2	7.98	53.6	25.4	9.93	2.30	2.89	1.48	3.33	3.40	3.48	3.55	3.63	3.71	3.78	3.86
8		21.5	11.5	9.03	60.0	27.9	11.2	2.28	2.88	1.47	3.35	3.42	3.50	3.57	3.65	3.73	3.81	3.89
10		22.2	14.1	11.1	72.0	32.4	13.6	2.26	2.84	1.46	3.38	3.46	3.53	3.61	3.69	3.77	3.85	3.93
5		21.5	7.91	6.21	48.8	22.7	8.34	2.48	3.13	1.60	3.49	3.56	3.63	3.71	3.78	3.86	3.93	4.01
6		21.9	9.40	7.38	57.3	26.1	9.87	2.47	3.11	1.59	3.51	3.58	3.65	3.72	3.80	3.88	3.96	4.04
80×7	9	22.3	10.9	8.52	65.6	29.4	11.4	2.46	3.10	1.58	3.53	3.60	3.67	3.75	3.83	3.90	3.98	4.06
8		22.7	12.3	9.66	73.5	32.4	12.8	2.44	3.08	1.68	3.55	3.62	3.69	3.77	3.85	3.93	4.00	4.08
10		23.5	15.1	11.9	88.4	37.6	15.6	2.42	3.04	1.56	3.59	3.66	3.74	3.81	3.89	3.97	4.05	4.13
6		24.4	10.6	8.35	82.8	33.9	12.6	2.79	3.51	1.80	3.91	3.98	4.05	4.13	4.20	4.27	4.35	4.43
7		24.8	12.3	9.66	94.8	38.2	14.5	2.78	3.50	1.78	3.93	4.00	4.07	4.15	4.22	4.30	4.37	4.45
90×8	10	25.2	13.9	10.9	106	42.1	16.4	2.76	3.48	1.78	3.95	4.02	4.09	4.17	4.24	4.32	4.39	4.47
10		25.9	17.2	13.5	129	49.7	20.1	2.74	3.45	1.76	3.98	4.05	4.13	4.20	4.28	4.36	4.44	4.52
12		26.7	20.3	15.9	149	56.0	23.6	2.71	3.41	1.75	4.02	4.10	4.17	4.25	4.32	4.40	4.48	4.56

单角钢 · 双角钢

续表

单 角 钢　双 角 钢

角钢型号	圆角 R/mm	重心距 z_0/mm	截面面积 cm²	质量/(kg/m)	惯性矩 I_x/cm⁴	W_x^{max}/cm³	W_x^{min}/cm³	i_x/cm	i_{x0}/cm	i_{y0}/cm	i_y 当a为下列数值/cm 6mm	8mm	10mm	12mm	14mm	16mm	18mm	20mm
6		26.7	11.9	9.37	115	43.1	15.7	3.10	3.90	2.00	4.30	4.37	4.44	4.51	4.58	4.66	4.73	4.81
7		27.1	13.8	10.8	132	48.6	18.1	3.09	3.89	1.99	4.31	4.39	4.46	4.53	4.61	4.68	4.76	4.83
8		27.6	15.6	12.3	148	53.7	20.5	3.08	3.88	1.98	4.34	4.41	4.48	4.56	4.63	4.70	4.78	4.86
100×10	12	28.4	19.3	15.1	179	63.2	25.1	3.05	3.84	1.96	4.38	4.45	4.52	4.60	4.67	4.75	4.83	4.90
12		29.1	22.8	17.9	209	71.9	29.5	3.03	3.81	1.95	4.41	4.49	4.56	4.63	4.71	4.79	4.87	4.95
14		29.9	26.3	20.6	236	79.1	33.7	3.00	3.77	1.94	4.45	4.53	4.60	4.68	4.75	4.83	4.91	4.99
16		30.6	29.6	23.3	262	89.6	37.8	2.98	3.74	1.94	4.79	4.56	4.64	4.72	4.80	4.87	4.95	5.03
7		29.6	15.2	11.9	177	59.9	22.0	3.41	4.30	2.20	4.72	4.79	4.86	4.92	5.01	5.08	5.16	5.23
8		30.1	17.2	13.5	199	64.7	25.0	3.40	4.28	2.19	4.75	4.82	4.89	4.96	5.03	5.10	5.18	5.26
110×10	12	30.9	21.3	16.7	242	78.4	30.6	3.38	4.25	2.17	4.78	4.86	4.93	5.00	5.07	5.15	5.22	5.30
12		31.6	25.2	19.8	283	89.4	36.0	3.35	4.22	2.15	4.81	4.89	4.96	5.03	5.11	5.19	5.26	5.34
14		32.4	29.1	22.8	321	99.2	41.3	3.32	4.18	2.14	4.85	4.93	5.00	5.07	5.15	5.23	5.31	5.38
8		33.7	19.7	15.5	297	88.1	32.5	3.88	4.88	2.50	5.34	5.41	5.48	5.55	5.62	5.69	5.77	5.84
125×10		34.5	24.4	19.1	362	105	40.0	3.85	4.85	2.48	5.38	5.45	5.52	5.59	5.66	5.74	5.81	5.89
12	14	35.3	28.9	22.7	423	120	41.2	3.83	4.82	2.46	5.41	5.48	5.56	5.63	5.70	5.78	5.85	5.93
14		36.1	33.4	26.2	482	133	54.2	3.80	4.78	2.45	5.45	5.52	5.60	5.67	5.74	5.82	5.89	5.97
10		38.2	27.4	21.5	515	135	50.6	4.34	5.46	2.78	5.98	6.05	6.12	6.19	6.27	6.34	6.41	6.49
140×12		39.0	32.5	25.5	604	155	59.8	4.31	5.43	2.76	6.02	6.09	6.16	6.23	6.31	6.38	6.45	6.53
14		39.8	37.6	29.5	689	173	68.7	4.28	5.40	2.75	6.05	6.12	6.20	6.27	6.34	6.42	6.49	6.57
16		40.6	42.5	33.4	770	190	77.5	4.26	5.36	2.74	6.09	6.16	6.24	6.31	6.38	6.46	6.53	6.61

续表

角钢型号	圆角 R/mm	重心距 z₀/mm	截面面积 cm²	质量 /(kg/m)	惯性矩 I_x/cm⁴	W_x^{max}	W_x^{min}	i_x	i_{x0}	i_{y0}	6mm	8mm	10mm	12mm	14mm	16mm	18mm	20mm
160×10	16	43.1	31.5	24.7	779	180	66.7	4.98	6.27	3.20	6.78	6.85	6.92	6.99	7.06	7.13	7.21	7.28
160×12		43.9	37.4	29.4	917	208	79.0	4.95	6.24	3.18	6.82	6.89	6.96	7.02	7.10	7.17	7.25	7.32
160×14		44.7	43.3	34.0	1048	234	90.9	4.92	6.20	3.16	6.85	6.92	6.99	7.07	7.14	7.21	7.29	7.36
160×16		45.5	49.1	38.5	1175	258	103	4.89	6.17	3.14	6.89	6.96	7.03	7.10	7.18	7.25	7.32	7.40
180×12	16	48.9	42.2	33.2	1321	271	101	5.59	7.05	5.58	7.63	7.70	7.77	7.84	7.91	7.98	8.05	8.12
180×14		49.7	48.9	38.4	1514	305	116	5.56	7.02	3.56	7.66	7.73	7.81	7.87	7.95	8.02	8.09	8.16
180×16		50.5	55.5	43.5	1701	338	131	5.54	6.98	3.55	7.70	7.77	7.84	7.91	7.98	8.06	8.13	8.20
180×18		51.3	62.0	48.6	1875	365	146	5.50	6.94	3.51	7.73	7.80	7.87	7.94	8.02	8.09	8.16	8.24
200×14	18	54.6	54.6	42.9	2104	387	145	6.20	7.82	3.98	8.47	8.53	8.60	8.67	8.75	8.82	8.89	8.96
200×16		55.4	62.0	48.7	2366	428	164	6.18	7.79	3.96	8.50	8.57	8.64	8.71	8.78	8.85	8.92	9.00
200×18		56.2	69.3	54.4	2621	467	182	6.15	7.75	3.94	8.54	8.61	8.67	8.75	8.82	8.89	8.96	9.03
200×20		56.9	76.5	60.1	2867	503	200	6.12	7.72	3.93	8.56	8.64	8.71	8.78	8.85	8.92	9.00	9.07
200×24		58.7	90.7	71.2	3338	570	236	6.07	7.64	3.90	8.65	8.73	8.80	8.87	8.92	9.00	9.07	9.14

单 角 钢 · 双 角 钢 · i_y 当 a 为下列数值/cm

附表2

不 等 边 角 钢

角钢型号	圆角 R /mm	重心距 z_x /mm	重心距 z_y /mm	截面面积 /cm²	质量 /(kg/m)	惯性矩 I_x /cm⁴	惯性矩 I_y /cm⁴	回转半径 i_x /cm	回转半径 i_y /cm	回转半径 i_y0 /cm	双角钢 i_y1 (a=6mm)	i_y1 (8mm)	i_y1 (10mm)	i_y1 (12mm)	i_y1 (14mm)	双角钢 i_y2 (a=6mm)	i_y2 (8mm)	i_y2 (10mm)	i_y2 (12mm)	i_y2 (14mm)
25×16×3	3.5	4.2	8.6	1.16	0.91	0.22	0.70	0.44	0.78	0.34	0.84	0.93	1.02	1.11	1.20	1.40	1.48	1.57	1.65	1.74
25×16×4		4.6	9.0	1.50	1.18	0.27	0.88	0.43	0.77	0.34	0.87	0.96	1.05	1.14	1.23	1.42	1.51	1.60	1.68	1.77
32×20×3		4.9	10.8	1.49	1.17	0.46	1.53	0.55	1.01	0.43	0.97	1.05	1.14	1.22	1.32	1.71	1.79	1.88	1.96	2.05
32×20×4		5.3	11.2	1.94	1.52	0.57	1.93	0.54	1.00	0.42	0.99	1.08	1.16	1.25	1.34	1.74	1.82	1.91	1.99	2.08
40×25×3	4	5.9	13.2	1.89	1.48	0.93	3.08	0.70	1.28	0.54	1.13	1.21	1.30	1.38	1.47	2.06	2.14	2.22	2.31	2.39
40×25×4		6.3	13.7	2.47	1.94	1.18	3.93	0.69	1.26	0.54	1.16	1.24	1.32	1.41	1.50	2.09	2.17	2.26	2.34	2.42
45×28×3	5	6.4	14.7	2.15	1.69	1.34	4.45	0.79	1.44	0.61	1.23	1.31	1.39	1.47	1.56	2.28	2.36	2.44	2.52	2.60
45×28×4		6.8	15.1	2.81	2.20	1.70	5.69	0.78	1.42	0.60	1.25	1.33	1.41	1.50	1.59	2.30	2.38	2.46	2.55	2.63
50×32×3	5.5	7.3	16.0	2.43	1.91	2.02	6.24	0.91	1.60	0.70	1.38	1.45	1.53	1.61	1.69	2.49	2.56	2.64	2.72	2.81
50×32×4		7.7	16.5	3.18	2.49	2.58	8.02	0.90	1.59	0.69	1.40	1.48	1.56	1.64	1.72	2.52	2.59	2.67	2.75	2.84
56×36×3	6	8.0	17.8	2.74	2.15	2.92	8.88	1.03	1.80	0.79	1.51	1.58	1.66	1.74	1.83	2.75	2.83	2.90	2.98	3.06
56×36×4		8.5	18.2	3.59	2.82	3.76	11.4	1.02	1.79	0.79	1.54	1.62	1.69	1.77	1.85	2.77	2.85	2.93	3.01	3.09
56×36×5		8.8	18.7	4.41	3.47	4.49	13.9	1.01	1.77	0.78	1.55	1.63	1.71	1.79	1.88	2.80	2.87	2.96	3.04	3.12
63×40×4	7	9.2	20.4	4.06	3.18	5.23	16.5	1.14	2.02	0.88	1.67	1.74	1.82	1.90	1.97	3.09	3.16	3.24	3.32	3.40
63×40×5		9.5	20.8	4.99	3.92	6.31	20.0	1.12	2.00	0.87	1.68	1.72	1.83	1.91	2.00	3.11	3.19	3.27	3.35	3.43
63×40×6		9.9	21.2	5.91	4.64	7.29	23.4	1.11	1.98	0.86	1.70	1.78	1.86	1.94	2.03	3.13	3.21	3.29	3.37	3.45
63×40×7		10.3	21.5	6.80	5.34	8.24	26.5	1.10	1.96	0.86	1.73	1.80	1.88	1.97	2.05	3.15	3.23	3.30	3.39	3.48

续表

单角钢 / 双角钢

角钢型号	圆角 R /mm	重心距/mm z_x	重心距/mm z_y	截面面积/cm²	质量/(kg/m)	惯性矩/cm⁴ I_x	惯性矩/cm⁴ I_y	回转半径/cm i_x	回转半径/cm i_y	i_{y0}	i_{y1} 当a为下列数/cm 6mm	8mm	10mm	12mm	14mm	i_{y2} 当a为下列数/cm 6mm	8mm	10mm	12mm	14mm
70×45×4	7.5	10.2	22.4	4.55	3.57	7.55	23.2	1.29	2.26	0.98	1.84	1.92	1.99	2.07	2.15	3.40	3.48	3.56	3.62	3.69
70×45×5		10.6	22.8	5.61	4.40	9.13	27.9	1.28	2.23	0.98	1.86	1.94	2.01	2.09	2.17	3.41	3.49	3.57	3.64	3.72
70×45×6		10.9	23.2	6.65	5.22	10.6	32.5	1.26	2.21	0.98	1.88	1.95	2.03	2.11	2.20	3.43	3.51	3.58	3.66	3.75
70×45×7		11.3	23.6	7.66	6.01	12.0	37.2	1.25	2.20	0.97	1.90	1.98	2.06	2.14	2.22	3.45	3.53	3.61	3.69	3.77
75×50×5	8	11.7	24.0	6.12	4.81	12.6	34.9	1.44	2.39	1.10	2.05	2.13	2.20	2.28	2.36	3.60	3.68	3.76	3.83	3.91
75×50×6		12.1	24.4	7.26	5.70	14.7	41.1	1.42	2.38	1.08	2.07	2.15	2.22	2.30	2.38	3.63	3.71	3.78	3.86	3.94
75×50×8		12.9	25.2	9.47	7.43	18.5	52.4	1.40	2.35	1.07	2.12	2.19	2.27	2.35	2.43	3.67	3.75	3.83	3.91	3.99
75×50×10		13.6	26.0	11.6	9.10	22.0	62.7	1.38	2.33	1.06	2.16	2.23	2.31	2.40	2.48	3.72	3.80	3.88	3.96	4.03
80×50×5	8	11.4	26.0	6.37	5.00	12.8	42.0	1.42	2.56	1.10	2.02	2.09	2.17	2.24	2.32	3.87	3.95	4.02	4.10	4.18
80×50×6		11.8	26.5	7.56	5.93	14.9	49.5	1.41	2.55	1.08	2.04	2.12	2.19	2.27	2.34	3.90	3.98	4.06	4.14	4.21
80×50×7		12.1	26.9	8.72	6.85	17.0	56.2	1.39	2.54	1.08	2.06	2.13	2.21	2.28	2.37	3.92	4.00	4.08	4.15	4.23
80×50×8		12.5	27.3	9.87	7.74	18.8	62.8	1.38	2.52	1.07	2.08	2.15	2.23	2.31	4.39	3.94	4.02	4.10	4.18	4.26
90×56×5	8	12.5	29.1	7.21	5.66	18.3	60.4	1.59	2.90	1.23	2.22	2.29	2.37	2.44	2.52	4.32	4.40	4.47	4.55	4.62
90×56×6		12.9	29.5	8.56	6.72	21.4	71.0	1.58	2.88	1.23	2.24	2.32	2.39	3.46	2.54	4.34	4.42	4.49	4.57	4.65
90×56×7		13.3	30.0	9.83	7.76	24.4	81.0	1.57	2.86	1.22	2.26	2.34	2.41	2.49	2.56	4.37	4.55	4.52	4.60	4.68
90×56×8		13.6	30.4	11.2	8.78	27.1	91.0	1.56	2.85	1.21	2.28	2.35	2.43	2.50	2.59	4.39	4.47	4.55	4.62	4.70

续表

角钢型号	圆角 R/mm	重心距/mm z_x	重心距/mm z_y	截面面积/cm²	质量/(kg/m)	惯性矩/cm⁴ I_x	惯性矩/cm⁴ I_y	回转半径/cm i_x	回转半径/cm i_y	回转半径/cm i_{y0}	i_{y1} 当 a 为下列数/cm 6mm	8mm	10mm	12mm	14mm	i_{y2} 当 a 为下列数/cm 6mm	8mm	10mm	12mm	14mm
100×63×6	10	14.3	32.4	9.62	7.55	30.9	99.1	1.79	3.21	1.38	2.49	2.56	2.63	2.71	2.78	4.78	4.85	4.93	5.00	5.08
100×63×7		14.7	32.8	11.1	8.72	35.3	113	1.78	3.20	1.38	2.51	2.58	2.66	2.73	2.80	4.80	4.87	4.95	5.03	5.10
100×63×8		15.0	33.2	12.6	9.88	39.4	127	1.77	3.18	1.37	2.52	2.60	2.67	2.75	2.83	4.82	4.89	4.97	5.05	5.13
100×63×10		15.8	34.0	15.5	12.1	47.1	154	1.74	3.15	1.35	2.57	2.64	2.72	2.79	2.87	4.86	4.94	5.02	5.09	5.18
100×80×6	10	19.7	29.5	10.6	8.35	61.2	107	2.40	3.17	1.72	3.30	3.37	3.44	3.52	3.59	4.54	4.61	4.69	4.76	4.84
100×80×7		20.1	30.0	12.3	9.66	70.1	123	2.39	3.16	1.72	3.32	3.39	3.46	3.54	3.61	4.57	4.64	4.71	4.79	4.86
100×80×8		20.5	30.4	13.9	10.9	78.6	138	2.37	3.14	1.71	3.34	3.41	3.48	3.56	3.64	4.59	4.66	4.74	4.81	4.88
100×80×10		21.3	31.2	17.2	13.5	94.6	167	2.35	3.12	1.69	3.38	3.45	3.53	3.60	3.68	4.63	4.70	4.78	4.85	4.94
110×70×6	10	15.7	35.1	10.6	8.35	42.9	133	2.01	3.54	1.54	2.74	2.81	2.88	2.97	3.03	5.22	5.29	5.36	5.44	5.51
110×70×7		16.1	35.7	12.3	9.66	49.0	153	2.00	3.53	1.53	2.76	2.83	2.90	2.98	3.05	5.24	5.31	5.39	5.46	5.54
110×70×8		16.5	36.2	13.9	10.9	54.9	172	1.98	3.51	1.53	2.78	2.85	2.93	3.00	3.07	5.26	5.34	5.41	5.49	5.56
110×70×10		17.2	37.0	17.2	13.5	65.9	208	1.96	3.48	1.51	2.81	2.89	2.96	3.04	3.12	5.30	5.38	5.46	5.53	5.61
125×80×7	11	18.0	40.1	14.1	11.1	74.4	228	2.30	4.02	1.76	3.11	3.18	3.25	3.32	3.40	5.89	5.97	6.04	6.12	6.20
125×80×8		18.4	40.6	16.0	12.6	83.5	257	2.28	4.01	1.75	3.13	3.20	3.27	3.34	3.42	5.92	6.00	6.07	6.15	6.22
125×80×10		19.2	41.4	19.7	15.5	101	312	2.26	3.98	1.74	3.17	3.24	3.31	3.38	3.46	5.96	6.04	6.11	6.19	6.27
125×80×12		20.0	42.2	23.4	18.3	117	364	2.24	3.95	1.72	3.21	3.28	3.35	3.43	4.50	6.00	6.08	6.15	6.23	6.31

单 角 钢　　双 角 钢

续表

角钢型号	圆角 R /mm	重心距 /mm z_x	z_y	截面面积 /cm²	质量 /(kg/m)	惯性矩 I_x /cm²	I_y	回转半径 i_x /cm	i_y	i_y0	双角钢 i_y1，当a为下列数/cm 6mm	8mm	10mm	12mm	14mm	i_y2，当a为下列数/cm 6mm	8mm	10mm	12mm	14mm
140×90×8	12	20.4	45.0	18.0	13.2	121	366	2.59	4.50	1.98	3.49	3.56	3.63	3.70	3.77	6.58	6.65	6.72	6.79	6.88
140×90×10		21.2	45.8	22.3	17.5	146	445	2.56	4.47	1.96	3.52	3.59	3.66	3.74	3.81	6.62	6.69	6.77	6.84	6.92
140×90×12		21.9	46.6	26.4	20.7	170	522	2.54	4.44	1.95	3.55	3.62	3.70	3.77	3.85	6.66	6.74	6.81	6.89	6.97
140×90×14		22.7	47.4	30.5	23.9	192	594	2.51	4.42	1.94	3.59	3.67	3.74	3.81	3.89	6.70	6.78	6.85	6.93	7.01
160×100×10	13	22.8	52.4	25.3	19.9	205	669	2.85	5.14	2.19	3.84	3.91	3.98	4.05	4.12	7.56	7.63	7.70	7.78	7.85
160×100×12		23.6	53.2	30.1	23.6	239	785	2.82	5.11	2.17	3.88	3.95	4.02	4.09	4.16	7.60	7.67	7.75	7.82	7.90
160×100×14		24.3	54.0	34.7	27.2	271	896	2.80	5.08	2.16	3.91	3.98	4.05	4.12	4.20	7.64	7.71	7.79	7.86	7.94
160×100×16		25.1	54.8	39.3	30.8	302	1003	2.77	5.05	2.16	3.95	4.02	4.09	4.17	4.24	7.68	7.75	7.83	7.91	7.98
180×110×10	14	24.4	58.9	28.4	22.3	278	956	3.13	5.80	2.42	4.16	4.23	4.29	4.36	4.44	8.47	8.56	8.63	8.71	8.78
180×110×12		25.2	59.8	33.7	26.5	325	1125	3.10	5.78	2.40	4.19	4.26	4.33	4.40	4.47	8.53	8.61	8.68	8.76	8.83
180×110×14		25.9	60.6	39.0	30.6	370	1287	3.08	5.75	2.39	1.22	1.29	1.36	1.13	4.51	8.57	8.65	8.72	8.80	8.87
180×110×16		26.7	61.4	44.1	34.6	412	1443	3.06	5.72	2.38	4.26	4.33	4.40	4.47	4.55	8.61	8.69	8.76	8.84	8.91
200×125×12	14	28.3	65.4	37.9	29.8	483	1571	3.57	6.44	2.74	4.75	4.81	4.88	4.95	5.02	9.39	9.47	9.54	9.61	9.69
200×125×14		29.1	66.2	43.9	34.4	551	1801	3.54	6.41	2.73	4.78	4.85	4.92	4.99	5.06	9.43	9.50	9.58	9.65	9.73
200×125×16		29.9	67.0	49.7	39.0	615	2023	3.52	6.38	2.71	4.82	4.89	4.96	5.03	5.09	9.47	9.54	9.62	9.69	9.77
200×125×18		30.6	67.8	55.5	43.6	677	2238	3.49	6.35	2.70	4.85	4.92	4.99	5.07	5.13	9.51	9.58	9.66	9.74	9.81

单角钢　　双角钢

附表3   普 通 工 字 钢

符号 h——高度；
         b——翼缘宽度；
         t_w——腹板厚；
         t——翼缘平均厚度；
         I——惯性矩；
         W——截面模量；

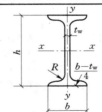

i——回转半径；
S——半截面的静力矩。

长度：型号10~18，长5~19m；
              型号20~63，长6~9m。

型号		尺寸/mm					截面面积/cm²	质量/(kg/m)	x—x 轴				y—y 轴		
		h	b	t_w	t	R			I_x/cm²	W_x/cm³	i_x/cm	I_x/S_x/cm	I_y/cm⁴	W_y/cm³	i_y/cm
10		100	68	4.5	7.6	6.5	14.3	11.2	245	49	4.14	8.59	33	9.7	1.52
12.6		126	74	5.0	8.4	7.0	18.1	14.2	488	77	5.19	10.8	47	12.7	1.61
14		140	80	5.5	9.1	7.5	21.5	16.9	712	102	5.76	12.0	64	16.1	1.73
16		160	88	6.0	9.9	8.0	26.1	20.5	1130	141	6.58	13.8	93	21.2	1.89
18		180	94	6.5	10.7	8.5	30.6	24.1	1660	185	7.36	15.4	122	26.0	2.00
20	a	200	100	7.0	11.4	9.0	35.5	27.9	2370	237	8.15	17.2	158	31.5	2.12
	b		102	9.0			39.5	31.1	2500	250	7.96	16.9	169	33.1	2.06
22	a	220	110	7.5	12.3	9.5	42.0	33.0	3400	309	8.99	18.9	225	40.9	2.31
	b		112	9.5			46.4	36.4	3570	325	8.78	18.7	239	42.7	2.27
25	a	250	116	8.0	13.0	10.0	48.5	38.1	5020	402	10.18	21.6	280	48.3	2.40
	b		118	10.0			53.5	42.0	5280	423	9.94	21.3	309	52.4	2.40
28	a	280	122	8.5	13.7	10.5	55.4	43.4	7110	508	11.3	24.6	345	56.6	2.49
	b		124	10.5			61.0	47.9	7480	534	11.1	24.2	379	61.2	2.49
32	a	320	130	9.5	15.0	11.5	67.0	52.7	11080	692	12.8	27.5	460	70.8	2.62
	b		132	11.5			73.4	57.7	11620	726	12.6	27.1	502	76.0	2.61
	c		134	13.5			79.9	62.8	12170	760	12.3	26.8	544	81.2	2.61
36	a	360	136	10.0	15.8	12.0	76.3	59.9	15760	875	14.4	30.7	552	81.2	2.69
	b		138	12.0			83.5	65.6	16530	919	14.1	30.3	582	84.3	2.64
	c		140	14.0			90.7	71.2	17310	962	13.8	29.9	612	87.4	2.60
40	a	400	142	10.5	16.5	12.5	86.1	67.6	21720	1090	15.9	34.1	660	93.2	2.77
	b		144	12.5			94.1	73.8	22780	1140	15.6	33.6	692	96.2	2.71
	c		146	14.5			102	80.1	23850	1190	15.2	33.2	727	9.6	2.65
45	a	450	150	11.5	18.0	13.5	102	80.4	32240	1430	17.7	38.6	855	114	2.89
	b		152	13.5			111	87.4	33760	1500	17.4	38.0	894	118	2.84
	c		154	15.5			120	94.5	35280	1570	17.1	37.6	948	122	2.79
50	a	500	158	12.0	20	14	119	93.6	46470	1860	19.7	42.8	1120	142	3.07
	b		160	14.0			129	102	48560	1940	19.4	42.4	1170	146	3.01
	c		162	16.0			139	109	50640	2080	19.1	41.8	1220	151	2.96
56	a	560	166	12.5	21	14.5	135	106	65590	2324	22.0	47.7	1370	165	3.18
	b		168	14.5			146	115	68510	2447	21.6	47.2	1487	174	3.16
	c		170	16.5			158	124	71440	2551	21.3	46.7	1558	183	3.16
63	a	630	176	13.0	22	15	155	122	93920	2981	24.6	54.2	1701	193	3.31
	b		178	15.0			167	131	98080	3164	24.2	53.5	1812	204	3.29
	c		190	17.0			180	141	102250	3298	23.8	52.9	1925	214	3.27

附表 4

热轧轻型工字钢截面特性表

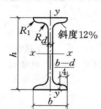

斜度12%

I——惯性矩；
W——截面模量；
i——回转半径；
S——半截面的面积矩。

型号	尺寸/mm						截面面积/cm²	重量/(kg/m)	x—x				y—y		
	h	b	d	t	R	R_1			I_x/cm⁴	W_x/cm³	i_x/cm	S_x/cm³	I_y/cm⁴	W_y/cm³	i_y/cm
I10	100	55	4.5	7.2	7.0	2.5	12.0	9.46	198	39.7	4.06	23.0	17.9	6.49	1.22
I12	120	64	4.8	7.3	7.5	3.0	14.7	11.5	350	58.4	4.88	33.7	27.9	8.72	1.38
I14	140	73	4.9	7.5	8.0	3.0	17.4	13.7	572	81.7	5.73	46.8	41.9	11.5	1.55
I16	160	81	5.0	7.8	8.5	3.5	20.2	15	873	109	6.57	62.3	58.6	14.5	1.70
I18	180	90	5.1	8.1	9.0	3.5	23.4	18.4	1290	143	7.42	81.4	82.6	18.4	1.88
I18a	180	100	5.1	8.3	9.0	3.5	25.4	19.9	1430	159	7.51	89.8	114	22.8	2.12
I20	200	100	5.2	8.4	9.5	4.0	26.8	21.0	1840	184	8.28	104	115	23.1	2.07
I20a	200	110	5.2	8.6	9.5	4.0	28.9	22.7	2030	203	8.37	114	155	28.2	2.32
I22	220	110	5.4	8.7	10.0	4.0	30.6	21.0	2550	232	9.13	131	157	28.6	2.27
I22a	220	120	5.4	8.9	10.0	4.0	32.8	25.8	2790	254	9.22	143	206	34.3	2.50
I24	240	115	5.6	9.5	10.5	4.0	34.8	27.3	3460	289	9.97	163	198	34.5	2.37
I24a	240	125	5.6	9.5	10.5	4.0	37.5	29.4	3800	317	10.1	178	260	41.6	2.63
I27	270	125	6.0	9.8	11.0	4.5	40.2	31.5	5010	371	11.2	210	260	41.5	2.54
I27a	270	135	6.0	10.2	11.0	4.5	43.2	33.9	5500	407	11.3	229	337	50.0	2.80
I30	300	135	6.5	10.2	12.0	5.0	46.5	36.5	7080	472	12.3	268	337	49.9	2.69
I30a	300	145	6.5	10.7	12.0	5.0	49.9	39.2	7780	518	12.5	292	436	60.1	2.95
I33	330	140	7.0	11.2	13.0	5.0	53.8	42.4	9840	597	13.5	339	419	59.9	2.79
I36	360	145	7.5	12.3	14.0	6.0	61.9	48.6	13380	743	14.7	423	516	71.1	2.89
I40	400	155	8.0	13.0	15.0	6.0	71.4	56.1	18930	947	16.3	540	666	85.9	3.05
I45	450	160	8.6	14.2	16.0	7.0	83.0	65.2	27450	1220	18.2	699	807	101	3.12
I50	500	170	9.5	15.2	17.0	7.0	97.8	76.8	39290	1570	20.0	905	1040	122	3.26
I55	550	180	10.3	16.5	18.0	7.0	114	89.8	55150	2000	22.0	1150	1350	150	3.44
I60	600	190	11.1	17.8	20.0	8.0	132	104	75450	2510	23.9	1450	1720	181	3.60
I65	650	200	12	19.2	22.0	9.0	153	120	101400	3120	25.8	1800	2170	217	3.77
I70	700	210	13	20.8	24.0	10.0	176	138	134600	3840	27.7	2230	2730	260	3.94
I70a	700	210	15	24.0	24.0	10.0	202	158	152700	4360	27.5	2550	3240	309	4.01
I70b	700	210	17.5	28.2	24.0	10.0	234	184	175370	5010	27.4	2940	3910	373	4.09

附表5　　　　　　　　　　　　普 通 槽 钢

符号：同普通工字型钢

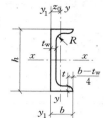

长度：型号5～8，长5～12m；
型号10～18，长5～19m；
型号20～40，长6～19m。

型号		尺寸/mm					截面面积/cm²	质量/(kg/m)	x—x 轴			y—y 轴			y₁—y₁ 轴	Z₀/cm
		h	b	t_w	t	R			I_x/cm⁴	W_x/cm³	i_x/cm	I_y/cm⁴	W_y/cm³	i_y/cm	I_y/cm⁴	
5		50	37	4.5	7.0	7.0	6.9	5.4	26	10.4	1.94	8.3	3.55	1.10	20.9	1.35
6.3		63	40	4.8	7.5	7.5	8.4	6.6	51	16.1	2.45	11.9	4.50	1.18	28.4	1.36
8		80	43	5.0	8.0	8.0	10.2	8.0	101	25.3	3.15	16.6	5.79	1.27	37.4	1.43
10		100	48	5.3	8.5	8.5	12.7	10.0	198	39.7	3.95	25.6	7.8	1.41	55	1.52
12.6		126	53	5.5	9.0	9.0	15.7	12.4	391	62.1	4.95	38.0	10.2	1.57	77	1.59
14	a	140	58	6.0	9.5	9.5	18.5	14.5	564	80.5	5.52	53.2	13.0	1.70	107	1.71
	b		60	8.0			21.3	16.7	609	87.1	5.35	61.1	14.1	1.69	121	1.67
16	a	160	63	6.5	10.0	10.0	21.9	17.2	866	108	6.28	73.3	16.3	1.83	144	1.80
	b		65	8.5			25.1	19.7	934	117	6.10	83.4	17.5	1.82	161	1.75
18	a	180	68	7.0	10.5	10.5	25.7	20.2	1273	141	7.04	98.6	20.0	1.96	190	1.88
	b		70	9.0			29.3	23.0	1370	152	6.84	111	21.5	1.95	210	1.84
20	a	200	73	7.0	11.0	11.0	28.8	22.6	1780	178	7.86	128	24.2	2.11	244	2.01
	b		75	9.0			32.8	25.8	1914	191	7.64	144	25.9	2.09	268	1.95
22	a	220	77	7.0	11.5	11.5	31.8	25.0	2394	218	8.67	158	28.2	2.23	298	2.10
	b		79	9.0			36.2	28.4	2571	234	8.42	176	30.0	2.21	326	2.03
25	a	250	78	7.5	12.0	12.0	34.9	27.5	3370	270	9.82	175	30.6	2.24	322	2.07
	b		80	9.0			39.9	31.4	3530	282	9.40	196	32.7	2.22	353	1.98
	c		82	11.0			44.9	35.3	3690	295	9.07	218	35.9	2.21	384	1.92
28	a	250	82	7.5	12.5	12.5	40.0	31.4	4765	340	10.9	218	35.7	2.33	388	2.10
	b		84	9.0			45.6	35.8	5130	366	10.6	242	37.9	2.30	428	2.02
	c		86	11.5			51.2	40.2	5496	393	10.3	268	40.3	2.29	463	1.95
32	a	320	88	8.0	14.0	14.0	48.7	38.2	7598	475	12.5	305	46.5	2.50	552	2.24
	b		90	10.0			55.1	43.2	8144	509	12.1	336	49.2	2.47	593	2.16
	c		92	12.0			61.5	48.3	8690	543	11.9	374	52.6	2.47	643	2.00
36	a	360	96	9.0	16.0	16.0	60.9	47.8	11870	660	14.0	455	63.5	2.73	818	2.44
	b		98	11.0			68.1	53.4	12650	703	13.6	497	66.8	2.70	880	2.37
	c		100	13.0			75.3	59.1	13430	746	13.4	536	70.0	2.67	948	2.34
40	a	400	100	10.5	18.0	18.0	75.0	58.9	17580	879	15.3	592	78.8	2.81	1068	2.49
	b		102	12.5			83.0	65.2	18640	932	15.0	640	82.5	2.78	1136	2.44
	c		104	14.5			91.0	71.5	19710	986	14.7	688	86.2	2.75	1221	2.42

附表 6

热轧轻型槽钢的规格及截面特性

I —— 截面惯性矩；
W —— 截面模量；
S —— 半截面面积矩；
i —— 截面回转半径。

型号	尺寸/mm h	b	t_w	t	r	r_1	截面面积/cm²	每米重量/(kg/m)	x_0/cm	x-x轴 I_x/cm⁴	W_x/cm³	S_x/cm³	i_x/cm	y-y轴 I_y/cm⁴	W_{ymax}/cm³	W_{ymin}/cm³	i_y/cm	y_1-y_1轴 I_{y1}/cm⁴
[5	50	32	4.4	7.0	6.0	2.5	6.16	4.84	1.16	22.8	9.1	5.6	1.92	5.6	4.8	2.8	0.95	13.9
[6.5	65	36	4.4	7.2	6.0	2.5	7.51	5.70	1.24	48.6	15.0	9.0	2.54	8.7	7.0	3.7	1.08	20.2
[8	80	40	4.5	7.4	6.5	2.5	8.98	7.05	1.31	89.4	22.4	13.3	3.16	12.8	9.8	4.8	1.19	28.2
[10	100	46	4.5	7.6	7.0	3.0	10.94	8.59	1.44	173.9	34.8	20.4	3.99	20.4	14.2	6.5	1.37	43.0
[12	120	52	4.8	7.8	7.5	3.0	13.28	10.43	1.54	303.9	50.6	29.6	4.78	31.2	20.2	8.5	1.53	62.8
[14	140	58	4.9	8.1	8.0	3.0	15.65	12.28	1.67	491.1	70.2	40.8	5.60	45.4	27.1	11.0	1.70	89.2
[14a	140	62	4.9	8.7	8.0	3.0	16.98	13.33	1.87	544.8	77.8	45.4	5.66	57.5	30.7	13.3	1.84	116.9
[16	160	64	5.0	8.4	8.5	3.5	18.12	14.22	1.80	747.0	93.4	54.1	6.42	63.3	35.1	13.8	1.87	122.2
[16a	160	68	5.0	9.0	8.5	3.5	19.54	15.31	2.00	823.3	102.9	59.4	6.49	78.8	39.4	16.4	2.01	157.1
[18	180	70	5.1	8.7	9.0	3.5	20.71	16.25	1.94	1086.3	120.7	69.8	7.24	86.0	44.4	17.0	2.04	163.6
[18a	180	74	5.1	9.3	9.0	3.5	22.23	17.45	2.14	1190.7	132.3	76.1	7.32	105.4	49.4	20.0	2.18	206.7
[20	200	76	5.2	9.0	9.5	4.0	23.40	18.37	2.07	1522.0	152.2	87.8	8.07	113.4	54.9	20.5	2.20	213.3
[20a	200	80	5.2	9.7	9.5	4.0	25.16	19.75	2.28	1672.4	167.2	95.9	8.15	138.6	60.8	24.2	2.35	269.3
[22	220	82	5.4	9.5	10.0	4.0	26.72	20.97	2.21	2109.5	191.8	110.4	8.89	150.6	68.0	25.1	2.37	281.4
[22a	220	87	5.4	10.2	10.0	4.0	28.81	22.62	2.46	2327.3	211.6	121.1	8.99	187.1	76.1	30.0	2.55	361.3
[24	240	90	5.6	10.0	10.5	4.0	30.64	24.05	2.42	2901.1	241.8	138.8	9.73	207.6	85.7	31.6	2.60	387.4
[24a	240	95	5.6	10.7	10.5	4.0	32.89	25.82	2.67	3181.2	265.1	151.3	9.83	253.6	95.0	37.2	2.78	488.5
[27	270	95	6.5	10.5	11.0	4.5	35.23	27.66	2.47	4163.3	308.4	177.6	10.87	261.8	105.8	37.3	2.73	477.6
[30	300	100	7.0	11.0	12.0	5.0	40.47	31.77	2.52	5808.3	387.2	224.0	11.98	326.6	129.8	43.6	2.84	582.9
[33	330	105	7.0	11.7	13.0	5.0	46.52	36.52	2.59	7984.1	483.9	280.9	13.10	410.1	158.3	51.8	2.97	722.2
[36	360	110	7.5	12.6	14.0	6.0	53.37	41.90	2.68	10815.5	600.9	349.6	14.24	513.5	191.3	61.8	3.10	898.2
[40	400	115	8.0	13.5	15.0	6.0	61.53	48.30	2.75	15219.6	761.0	444.3	15.73	642.3	233.1	73.4	3.23	1109.2

注　轻型槽钢的通常长度为 [5～[8，为 5～12m；[10～[18，为 5～19m；[20～[40，为 6～19m。